한국인과 소나무

소나무 선호의 역사·문화적 기원

한국인과 소나무

- 소나무 선호의 역사·문화적 기원 -

인쇄 2024년 8월 10일
발행 2024년 8월 16일
글쓴이 배재수·김은숙·오삼언·배수호·서정욱·안지영
펴낸이 이수용
편집디자인 장원석
마케팅 이호석
인쇄제본 (주)상지사 P&B
용지 (주)세림상사

펴낸곳 수문출판사
출판등록 1988년 2월 15일 제7-35호
주소 (우26136) 강원특별자치도 정선군 신동읍 소골길 197
전화 02-904-4774, 033-378-4774
블로그 blog.naver.com/smmount
이메일 smmount@naver.com

ISBN 978-89-7301-204-6 03470

한국인과 소나무

소나무 선호의 역사·문화적 기원

배재수 · 김은숙 · 오삼언 · 배수호 · 서정욱 · 안지영 지음

수문출판사

소나무는 한반도 산림의 약 20%를 차지합니다. 대한민국 국민은 1991년 이후 8차례의 수종 선호 조사에서 소나무를 가장 좋아하는 나무로 선정하였습니다. 북한 정부는 2015년에 나라를 대표하는 나무인 국수(國樹)로 소나무를 지정하였습니다. 나는 오래전부터 '한국인은 왜 소나무를 가장 좋아하는가?'라는 질문에 답을 하고 싶었습니다. 그냥 좋아하는 것이 아니라 가장 좋아하는 나무입니다. 그것도 우리나라 국민의 반 정도가 소나무를 가장 좋아합니다. 애국가 2절의 '남산 위에 저 소나무', '나무 가운데 으뜸나무(百木之長)'라는 결과적 상징성만으론 한국인이 소나무를 가장 좋아하는 이유를 설명하기 어려웠습니다.

이 책은 한국인이 소나무를 가장 좋아하는 이유를 조선시대, 특히 조선후기에 형성된 세 가지 측면에서 살펴보았습니다. 즉, 모든 나무 가운데 소나무가 으뜸이라는 유교적 상징성(으뜸나무), 송정(松政)으로 대표되는 국가로부터 강제된 소나무의 중요성(중요한 나무), 우리 주변에서 늘 볼 수 있을 정도로 많은 소나무의 접근성(늘 보는 나무)에 있다고 보았습니다. 조선후기 내내 우리 선조의 삶에 영향을 미쳤던 사상과 정책, 그로 인한 사회경제적 영향이 현재 우리 국민의 과반수가 소나무를 가장 좋아하는 이유가 되었다고 보았습니다.

오래된 질문에 답을 하기 위해 다양한 분야의 전문가가 모였습니다. 역사학, 생태학, 유전학, 연륜연대학, 행정학, 북한학을 전공하는 연구자들이 모여 한국인이 소나무를 바라보는 인식의 변화, 소나무 사용의 변천, 소나무가 으뜸나무, 중요한 나무, 늘 보는 나무가 된 이유를 밝히고자 노력하였습니다. 저마다 전공 분야는 달라도 남북한 모두 소나무를 좋아하고 중요하게 여긴다는 사실과 그 결과를 낳은 원인과 변화 과정을 확인하는 데 필요한 전문성을 담아주셨습니다.

이 연구는 우리의 소나무 문화를 이해하는 새로운 시각을 제공하였다고 생각합니다. 한국인이 소나무를 좋아한다는 결과 해석이 아니라, 우리가 소나무를 좋아하는 더욱 근본적인 이유가 조선후기 산림정책, 사회경제적 요인과 관련이 있다는 분석 시각을 더했기 때문입니다.

이 책을 풍성하게 만드는 데 도움을 준 분들이 있습니다. 조재형 박사님은 이 책에 나온 대부분의 소나무 사진을 제공하여 주셨습니다. 경북대학교 박상진 명예교수님은 전체 원고를 감수하여 주셨습니다. 이호신 화백님은 표지를 장식하는 소나무 그림을 제공해 주셨습니다. 세 분께 진심으로 감사를 드립니다.

마지막으로 이 책은 국립산림과학원에서 연구신서(129호)로 발간한

『한국인과 소나무』를 바탕으로 제작되었다는 것을 밝힙니다. 국가연구기관의 연구간행물이 더욱 많은 독자와 만나는 좋은 기회를 제공하여 준 수문출판사 이수용 대표님께 특별한 감사를 드립니다.

우리의 연구 결과가 소나무를 통합적으로 이해하는 다음의 연구에 도움이 되기를 바랍니다.

여름이 깊어지는 홍릉숲에서
저자를 대표하여 배재수 씁니다.

추천사

옛사람들은 소나무로 지어진 집의 안방에서 아이가 태어났다. 새 생명의 탄생을 알리는 금줄에는 솔가지가 끼워진다. 아이가 자라면서 뒷동산의 솔숲은 놀이터가 되고 땔감을 해오는 일터가 되기도 한다. 흉년이 들어 배고픔을 참을 수 없으면 소나무 속 껍질을 벗겨 먹었다. 명절이면 송홧가루로 만든 다식(茶食)을 즐겼다. 양반가라면 십장생도의 소나무가 그려진 병풍을 치고 꿈나라로 들어간다. 선비로 행세하려면 송연묵으로 간 먹물을 붓에 묻혀 일필휘지할 수 있어야 한다. 한 세상살이 마감하면 소나무로 만든 관속에 들어가 땅속에 묻힌다. 그러고도 소나무와 인연은 끝나지 않는다. 도래솔로 주위를 둘러치고는 다시 영겁의 세월을 소나무와 함께한다. 멀리 선사시대에는 지금처럼 소나무가 많지 않았다고 한다. 아픈 우리의 역사는 숲의 파괴와 함께 햇빛 좋아하는 소나무가 널리 자랄 수밖에 없었다. 〈조선왕조실록〉에서

'松'으로 검색해 보면 4,500여 회나 나온다. 인명과 지명에 들어간 송을 포함한 숫자지만 우리 곁에 항상 소나무가 있었음을 말해준다.

지금도 국민이 가장 좋아하고 너무나 쉽게 만나는 소나무다. 물이나 공기처럼 항상 곁에 있으면 잊어버리기 마련이다. 소나무도 마찬가지다. 이 땅에 언제부터 자리 잡아 우리의 정신적인 지주가 되었는가? 소나무의 실체는 무엇인가?. 바쁜 세상을 살아가는 우리지만 잠시 쉼이 찾아오면 관심을 두기 마련이다. 여기 또 다른 시각으로 소나무를 바라보고 최신 자료를 정리해 나간 연구자들이 있다. 이를 바탕으로 산림과학원의 전문 연구자들과 대학의 전공자들이 모여 자그마한 단행본 한 권을 만들어 냈다. 언제 어디에서나 친숙한 소나무지만 무엇인가 더 알고 싶을 때 부담 없이 책장을 넘길 수 있는 읽을거리는 쉽게 찾아지지 않는다. 학자들의 글은 자칫하면 전문 용어투성이에 전공자가 아니면 이해도 어려운 경우가 많다. 당연히 길게 읽지 못하고 책장을 덮는다. 그렇다고 너무 쉽게 쓰면 전달해야 할 알갱이가 모두 빠져버린다. 그러나 이 단행본은 일반 독자들의 길라잡이로서 흥미롭게 읽을 수 있도록 둘을 잘 녹여냈다.

소나무와 관련된 궁금증이 생길 때 읽어 볼 소나무 단행본으로 적극 추천한다,

경북대 명예교수

박상진

차례

지리산 천년송

지리산 천년송 이호신 화백

제1장

한국인이 소나무를 좋아하게 된 기원을 찾으며

현재 한국인이 가장 좋아하는 나무는 소나무

오늘날, 이 시대를 살아가는 대한민국 사람들은 많은 나무 가운데 소나무를 가장 좋아한다. 조사 방법에는 차이가 있지만 1991년부터 2023년까지 32년간 수행된 8번의 수종 선호도 조사에서 2위와 많은 차이를 보이며 소나무가 1순위로 선정되었다.

산림청의 여론조사 자료는 보기 없이 조사자가 직접 응답자에게 "귀하가 가장 좋아하는 나무는 무엇입니까?"라고 물어 얻은 결과이다. 소나무는 목련과 장미, 동백과 같은 꽃나무가 제외된 일반 나무에 포함되어 조사되었다.

〈표 1〉에서 확인할 수 있듯이 국민과 전문가 모두 일반 나무 가운데 소나무를 가장 좋아한다고 응답하였다. 1997년과 2023년 조사 결과를 제외하면 국민의 50% 이상이 소나무를 가장 좋아한다고 응답하

였다. 2위를 차지한 은행나무와 단풍나무를 선택한 비율이 4.1~9.1%인 것과 비교하면 한국인의 소나무 선호가 얼마나 큰지 확인할 수 있다.

전문가 역시 1991년과 2023년을 제외하면 대부분 50% 이상이 소나무를 가장 좋아한다고 응답하였다. 전문가는 국민과 비교하여 2위로 선정된 느티나무에 대한 선호도가 상대적으로 크지만, 소나무와 견주기에는 차이가 제법 난다.

가장 최근에 조사한 2023년 조사에서 국민과 전문가 모두 소나무를 가장 좋아한다는 인식이 기존 조사에 비해 10% 이상 낮아진 점을 주목할 필요가 있다. 최근 대형산불의 원인으로 소나무숲이 제기되고 소나무재선충병의 지속적 발생으로 소나무의 부정적 인식이 언론에 자주 노출된 것이 선호도 하락의 주요 원인이라 생각한다.

국립산림과학원은 2022년에 조사 방법을 달리하여 "귀하는 우리나라에서 자라는 나무 중 어떤 나무를 가장 좋아하십니까?"라는 질문을 하였다. 〈표 1〉의 조사 방법과 달리 일반 나무와 꽃나무를 분리하지 않았고 응답자에게 직접 묻는 개방형 방식이 아닌 주요 수종을 제시하였다. 이 방식을 선택한 이유는 우리나라에서 자라는 나무 중 한국인이 가장 좋아하는 나무를 확인하고 싶었고, 주변에서 쉽게 볼 수 있는 소나무를 가장 선호한다고 답변하는 오류를 줄이고자 이런 방식을 선택하게 되었다.

보기 항목에 포함된 12개 수종은 소나무, 은행나무, 단풍나무, 느티나무, 감나무, 플라타너스, 벚나무, 버드나무, 잣나무, 향나무, 상수리나

표 1. 산림청의 수종 선호도 조사 결과

조사 시기	국민		전문가	
	1순위(%)	2순위(%)	1순위(%)	2순위(%)
1991년	소나무(54.8)	은행나무(4.1)	소나무(28.8)	느티나무(13.5)
1997년	소나무(45.7)	은행나무(7.5)	소나무(53.1)	은행나무(6.9)
2001년	소나무(58.7)	은행나무(6.8)	소나무(53.0)	느티/은행(6.7)
2006년	소나무(66.1)	은행나무(9.1)	소나무(56.3)	느티나무(10.3)
2010년	소나무(67.7)	은행나무(5.6)	소나무(51.3)	느티나무(10.3)
2015년	소나무(62.3)	은행나무(5.4)	소나무(49.5)	느티나무(16.0)
2023년	소나무(46.2)	단풍나무(4.5)	소나무(37.2)	느티나무(9.6)

주1: 1991년 전문가는 임학 관련 교수로 한정함. 이후는 교수, 기업, 단체, 연구소, 기자로 확대됨.
주2: 1991년~2015년은 한국갤럽이, 2023년은 메가리서치에서 조사함. 모든 조사는 조사 방법의 일관성을 유지하기 위해 소나무와 같은 일반 나무와 목련과 같은 꽃나무를 분리하여 조사함. 벚나무는 일반 나무와 꽃나무에 모두 속함.

출처: 한국갤럽, 『산림에 대한 국민의식조사』(1991, 1997, 2001, 2006, 2010, 2015), 산림청;
메가리서치, 『산림에 대한 국민의식조사』, 2023, 산림청.

무, 신갈나무이다.

조사 결과 국민과 전문가 모두 소나무를 가장 좋아하는 것은 기존 조사와 차이가 없었다. 국민 1,200명 가운데 37.9%, 전문가 290명 가운데 39.3%가 소나무를 가장 좋아한다고 응답하였다.

국민은 2위로 단풍나무(16.8%)를, 전문가는 느티나무(22.8%)를 선택하였다. 임업인, 목재산업종사자, 산업계, 행정기관, 연구기관, 학계로 구성된 전문가 집단 중 여성은 소나무가 아닌 느티나무를 가장 좋아한다고 답변하였다.

표 2. 국립산림과학원의 수종 선호도 조사 결과

구분	국민(1,200명)		전문가(290명)	
	1순위(%)	2순위(%)	1순위(%)	2순위(%)
전체	소나무(37.9)	단풍나무(16.8)	소나무(39.3)	느티나무(22.8)
남성	소나무(40.0)	단풍나무(14.6)	소나무(47.7)	느티나무(22.3)
여성	소나무(35.8)	단풍/벚나무(19.2)	느티나무(23.7)	소나무(21.5)

주1: 전문가는 임업인, 목재산업종사자, 산업계, 행정기관, 연구기관, 학계 등
주2: 12 수종(소나무, 은행나무, 단풍나무, 느티나무, 감나무, 플라타너스, 벚나무, 버드나무, 잣나무, 향나무, 상수리나무, 신갈나무)을 보기로 주고 응답자가 좋아하는 나무 선택

출처: 국립산림과학원, 『우리나라 소나무에 대한 국민인식 조사 결과보고서』, 2022.

이런 조사 결과를 종합하면, 현재 우리나라 국민은 여러 나무 가운데 소나무를 가장 좋아한다는 것은 사실이다. 산림청의 조사에 비해 국립산림과학원의 조사가 일반 나무와 꽃나무를 함께 조사하고 보기를 제시하여 선호도를 확인하였다는 측면에서 이전 조사와 차이를 보이지만, 우리 국민의 4할 정도는 여전히 소나무를 가장 좋아한다고 볼 수 있다.

현재 한국인이 소나무를 가장 좋아한다고 답한 이유

산림청은 수종의 선호는 조사하였지만, 그 선호 원인은 묻지 않았다. 이런 이유로 현재 한국인은 소나무를 가장 좋아하지만, 좋아하는 원인은 정확히 알 수 없었다. 국립산림과학원은 소나무의 선호 원인을

파악하고자 소나무를 가장 좋아한다고 응답한 사람에게 소나무를 가장 좋아하는 까닭을 물었다.

소나무를 가장 좋아한다고 응답한 국민 455명 중 29%는 소나무의 경관적 가치를 그 이유로 선택하였다. 다음으로 수자원 함양, 온실가스 흡수, 생물다양성 보전 등 환경적 가치라고 답한 사람이 24.8%였다. 다음으로 목재생산, 송이생산 등과 같은 경제적 가치라고 답한 사람이 18.0%, 주변에서 쉽게 볼 수 있어서라고 답한 사람이 15.8%, 애국가, 신화, 그림, 문학 등에 표현되는 인문학적 가치라고 답한 사람이 12.1%로 가장 낮았다.

다음은 소나무를 가장 좋아한다고 답한 전문가가 선택한 이유이다. 인문학적 가치가 36.0%로 가장 높았고, 이어 경관적 가치 24.6%, 경제적 가치 18.4%, 쉽게 볼 수 있는 접근성이 17.5%, 마지막으로 환경적 가치가 가장 낮은 2.6%를 차지하였다.

국민과 전문가 모두 소나무를 가장 좋아하는 이유로 선택한 높은 순위는 경관적 가치였다. 국민은 1순위, 전문가는 2순위로 경관적 가치 때문에 소나무를 가장 좋아한다고 답하였다. 지금도 궁궐과 능(陵)·원(園)·묘(園)부터 아파트, 병원, 공공건물 등 어디에 가도 조경수로 식재된 소나무를 볼 수 있다. 소나무는 한국인의 생활에 핵심 자연경관으로 자리를 잡고 있다. 그러나 소나무를 선호하는 이유로 든 인문학적 가치와 환경적 가치에 대한 국민과 전문가 사이의 인식 차이는 매우 컸다. 전문가가 선택한 1순위는 인문학적 가치로 36.0%를 차지하였다.

표 3. 소나무를 선호하는 이유 (소나무를 가장 좋아하는 사람만 답변/ 단위: %)

구분	국민(455명)						전문가(114명)					
	경제적 가치	환경적 가치	경관적 가치	인문학적 가치	쉽게 볼 수 있어서	기타	경제적 가치	환경적 가치	경관적 가치	인문학적 가치	쉽게 볼 수 있어서	기타
전체	18.0	24.8	29.0	12.1	15.8	0.2	18.4	2.6	24.6	36.0	17.5	0.9
남성	16.0	24.6	30.3	13.1	16.0	0.0	21.3	2.1	25.5	34.0	16.0	1.1
여성	20.4	25.1	27.5	10.9	15.6	0.5	5.0	5.0	20.0	45.0	25.0	0.0

주: 경제적 가치(목재생산, 송이 생산, 송홧가루 등), 환경적 가치(수자원 함양, 온실가스 흡수, 생물다양성 보전 등), 경관적 가치(아름다움 등), 인문학적(역사 문화적) 가치(애국가, 신화, 그림, 문학 등에 표현), 주변에서 쉽게 볼 수 있는 나무라서(전국 산림의 25%가 소나무숲)

출처: 국립산림과학원, 『우리나라 소나무에 대한 국민인식 조사 결과보고서』, 2022.

여성 전문가는 반에 가까운 45%가 인문학적 가치라고 응답하였다. 반면, 국민이 소나무를 가장 좋아하는 이유로 선택한 인문학적 가치는 가장 낮은 5순위였다.

소나무 선호도와 관련한 국민과 전문가의 인식 차이는 1.4%로 낮았지만, 선호하는 이유는 큰 차이를 보인 것이다. 국민은 눈으로 보고 혜택을 인식할 수 있는 소나무의 경관, 환경, 경제 가치에 중점을 두었지만, 전문가는 무형의 역사·문화적 가치에 더 큰 가치를 두었다고 볼 수 있다. 또한 소나무를 선호하는 이유를 환경적 가치라고 답한 전문가는 2.6%에 불과하여 국민의 인식과 큰 차이를 보였다.

국민은 소나무의 환경적 가치를 일반적으로 숲이 지닌 보편적 환경

가치로 인식했다면, 전문가는 소나무의 환경적 가치를 활엽수 또는 다른 침엽수와 비교하여 내린 결과라 생각한다.

한국인이 소나무를 좋아하는 기원 찾기

현재 우리나라 국민은 소나무를 가장 좋아한다. 국민과 전문가 사이에 인식의 차이는 있지만, 소나무를 가장 좋아하는 이유로 소나무의 경관적 가치를 들고 있다. 주목할 점은 전문가가 높은 비율로 인문학적 가치를 선호 이유로 들었다는 점, 국민과 전문가의 15.8~17.5% 정도가 주변에서 소나무를 쉽게 볼 수 있다는 이유를 선택했다는 점이다.

소나무를 선호하는 이유를 목재의 활용이라는 경제적 가치보다 경관적 가치와 인문학적 가치에 두고 있으며, 우리 주변에서 쉽게 볼 수 있을 정도로 소나무가 많다는 것도 선호 요인 중 하나라는 점을 보여준다. 우리 주변에 소나무와 소나무숲이 많다는 것은 동시대 사람들의 삶 속에 공통된 자연경관을 공유하는 것으로, 소나무를 좋아하는 요인이 될 수 있다.

나는 한국인이 소나무를 가장 좋아하는 이유가 조선시대와 연결되어 있다고 보고 있다. 한국인의 과반수가 소나무를 가장 좋아하는 인식이 어느 날 갑자기 생긴 것은 아니기 때문이다. 우리나라 산림은 국토의 약 63%[1]를 차지한다. 그 산림의 약 1/4[2]은 소나무와 곰솔(해송)로

---

1 산림청, 『2022 산림임업통계연보(제53호)』, 2023, 37쪽.

2 산림청, 『2022 산림임업통계연보(제53호)』, 2023, 160쪽.

이루어져 있다. 현재 국토에서 차지하는 소나무의 비중과 분포가 단순히 자연적 요인으로 만들어진 것이 아니라 오랫동안 인간의 간섭으로 만들어진 결과였다는 것을 생각할 필요가 있다.

나는 한국인이 소나무를 가장 좋아하는 이유가 ①모든 나무 가운데 소나무가 으뜸이라는 유교적 상징성, ②조선 후기 송정으로 대표되는 국가로부터 강제된 소나무의 중요성, ③조선 후기 온돌의 전국적 보급과 가정용 연료재의 과도한 채취로 우리 주변에서 늘 볼 수 있을 정도로 많은 소나무의 접근성에서 비롯되었다고 생각한다.

'백목지장(百木之長)',[3] '세한송백(歲寒松柏)',[4] '천자(天子)의 나무'[5]로 대표되는 소나무의 긍정적 상징성은 조선의 성리학적 질서에 따라 '많은 나무 중 소나무가 으뜸나무'라는 위치를 부여받았고, 교육과 문화적 계승 과정을 거쳐 쉼 없이 재생산되었다. 이런 측면에서 '으뜸나무'라는 상징성은 한국인이 소나무를 좋아하는 필요조건이었다.

조선 후기 산림정책은 한마디로 소나무를 보호하는 정책, 송정(松政)이었다. 조선 후기를 살아가는 사람들에게 소나무는 보호해야 할 중요한 나무였지만, 다른 수종은 마음대로 이용해도 되는 수종으로 인식

---

3 사마천의 『사기(史記)』에 "소나무와 잣나무는 모든 나무의 으뜸이지만 베어져서 문을 만드는 재목이 된다(松柏爲百木長 而守門閭)"라는 문구에서 비롯되었다.

4 『논어(論語)』 「자한(子罕)」편에 "날씨가 추워진 뒤에야 소나무와 잣나무의 잎이 늦게 시듦을 안다(歲寒然後 知松柏之後凋也)"라는 문구에서 비롯되었다.

5 "천자의 봉분 높이는 3인(刃)이고 소나무를 구목(丘木)으로 삼는다.."(반고 저, 신정근역, 『백호통의(白虎通義)』, 2005, 452쪽). '구목'은 무덤가에 있는 나무를 뜻한다. 같은 구절에 제후는 잣나무를, 대부는 상수리나무를, 서인은 버드나무를 무덤가에 심었다는 기록이 있다.

되었다.

해안 방어에 필요한 전함 건조를 위한 자재로 사용하는 소나무숲을 봉산으로 지정하여 해군이 주도하여 관리하였다.[6] 국가로부터 소나무의 중요성이 장기간 강제되다 보니 소나무는 함부로 베어서는 안 될 '중요한 나무'가 되었다.

17세기 음력 6월에 동해에 살얼음이 끼는 이상저온 현상이 발생[7]하였다. 우리 민족은 추운 겨울을 나기 위해 온돌을 광범위하게 사용하게 되었다. 조선 전기까지 양반집조차 방 하나 정도만 온돌을 설치하였지만 19세기가 되면 제주도의 평민 집까지 온돌을 사용할 정도로 확산되었다.

전국 어디서나 온돌에 들어갈 연료가 필요했는데, 대부분 주변 숲에서 채취한 나무와 가지, 잎이었다. 강력한 송정이 추진되고 있으니, 소나무를 제외한 나무들이 베어졌고, 난방과·취사에 필요한 가지와 잎까지도 채취되었다. 땅은 그대로 노출되어 건조하게 되었고 건조한 땅에서도 잘 자라는 소나무가 점차 늘어나기 시작하였다.[8] 250년 가까이

---

6 노성룡·배재수, 「조선후기 송정(松政)의 전개과정과 특성」, 『아세아연구』 제63권 제3호, 2020, 39~78쪽.

7 "강원도 간성(杆城)의 바닷물이 6월에 얼음이 얼어, 너비가 10여 파(把) 가량이나 되고 종이처럼 두꺼웠다"(『숙종실록』, 35년(1709년) 7월 21일 경인). 파(把)는 면적 단위로 인조 때에는 1등전 1파가 1.081㎡, 2등전 1파는 1.272㎡, 6등전 1파는 4.324㎡이었다(한국민족대백과사전, http://encykorea.aks.ac.kr). 이로 볼 때 1681년 음력 6월 당시에 강원도 간성 바닷물 10~40㎡에 살얼음이 발생했다는 것을 알 수 있다.

8 조선 후기 온돌의 도입과 산림황폐화에 끼친 영향은 배재수·김은숙·장주연·설아라·노성룡·임종환, 「조선후기 산림과 온돌: 온돌 확대에 따른 산림황폐화」, 『국립산림과학원

그림 1. 한국인의 소나무 선호 인식을 분석하는 틀

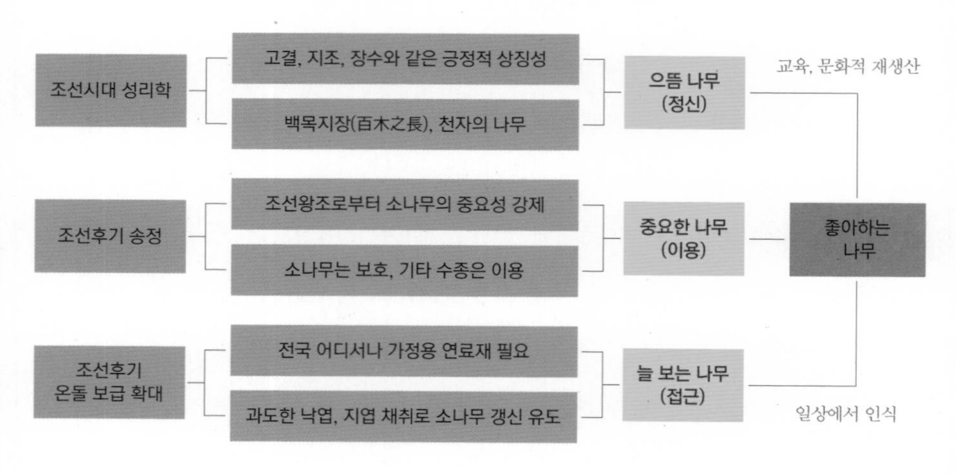

출처: 저자 작성

지속된 송정과 온돌의 보급으로 인해 주변 숲은 소나무로 점차 변해갔고, 우리는 소나무를 '늘 보는 나무'로 인식하게 되었다.

이런 까닭으로 조선시대 한국인은 태어나면 21일 동안 잡인의 출입을 금하고자 솔가지를 끼운 금줄을 치고 죽어서는 송판으로 만든 관에 들어가 뒷산 솔밭에 묻혔다. 조선시대 한국인은 요람에서 무덤까지 소나무와 인연을 맺었고 주변에서 늘 소나무를 볼 수 있었기에 어느덧 소나무는 일상에서 누구나 함께 하는 나무가 되었다.

나는 조선 후기 '으뜸나무', '중요한 나무', '늘 보는 나무'라는 소나

연구신서』 제119호, 2020. 참조.

무 인식이 지금의 한국인에게 계승되어, 소나무를 가장 좋아하게 되었다고 생각한다. 이러한 분석 틀을 가지고 '한국인은 왜 소나무를 가장 좋아하는가?'라는 질문에 답하고자 한다.

이 책은 연구의 머리말에 해당하는 1장과 본문 4장, 결론 1장으로 구성하였다. 2장은 한국인의 소나무 이용의 역사적 변천을 다루었다. 특히 조선 후기에 소나무 이용이 급격하게 늘었다는 것을 보여줄 것이다. 더불어, 조선 후기부터 현대까지 산림정책의 변화와 소나무를 바라보는 인식의 변천을 다루었다. 1945년 광복과 함께 분단된 현실을 고려하여 북한의 소나무 인식을 보론(補論)으로 함께 다루었다.

3장부터 5장까지는 소나무가 한국인에게 '으뜸나무', '중요한 나무', '늘 보는 나무'가 되었던 역사·문화적 기원을 다루었다. 마지막 6장은 소나무숲이 쇠퇴하는 자연천이 과정, 산불과 소나무재선충병 등에 취약한 소나무의 현재 상황을 고려하여 소나무의 이용과 보전 방안을 모색했다.

[배재수]

제2장

한국인의 소나무 이용과 인식의 변화

1

한국인의 소나무 이용 변화 : 철기시대 ~ 조선 후기

소나무 이용은 시대와 사용 목적에 따라 차이가 있다. 이러한 차이는 문헌에 남아 있는 기록이나 제작 시기가 확인된 목제유물(木製遺物)의 수종 분석 결과에서 확인 할 수 있다. 하지만 목제유물을 제작할 때 사용한 수종을 구체적으로 기록한 문헌이 드물기 때문에 문헌을 활용한 소나무 이용 변천 현황을 파악하는 것은 쉽지 않다. 이러한 이유로 고고학에서는 목재의 해부학적 특징을 이용하여 목제유물을 제작하는데 이용한 목재의 수종을 식별하고, 이를 근거로 당시 주변 식생 및 유통 현황과 용도에 따른 선호 수종을 파악하고 있다.[9]

소나무 이용에 관한 변천사를 알아보기 위해서는 시대별로 목재 사용 현황을 밝힐 수 있을 정도의 충분한 목제유물을 조사해야 한다. 하

9 국립가야문화재연구소, 「한국의 고대목기: 함안 성산산성을 중심으로」, 『국립가야문화재연구소 연구자료집』 제41집, 2008, 10~12쪽.

지만 나무는 돌이나 금속과는 달리 쉽게 부후되어 수종 분석에 적합한 나무를 찾기는 어렵다. 따라서 수종 분석에 사용되는 목재 대부분은 불에 타고 남은 숯, 공기와 차단된 저습지나 강 또는 바닷물 속에 잠긴 것들이다. 이 목재들의 공통점은 수종 분석에 근거가 되는 목재의 해부학적 특징 관찰이 가능하다는 것이다. 목재로 만든 관(棺)이나 관리가 잘된 목조건축물도 수종 분석이 가능한 대상이다.

지금까지 조사된 목제유물 제작에 사용된 목재 수종 조사는 시대를 대표할 수 있을 정도로 충분치 않다. 하지만 과거 문헌과 시대적 상황을 함께 고려한다면 그 부족한 부분을 채울 수 있을 것이다.

본 장에서는 지금까지 밝혀진 목제유물 수종 분석 결과와 문헌 및 시대적 배경을 근거로 소나무가 우리에게 어떤 나무였는지 살펴보았다.

일상생활 속 소나무

나무는 가공이 쉽고 주변에서 쉽게 획득할 수 있는 자원이다. 또한, 목재는 불에 잘 타는 성질을 가지고 있어 음식을 익히거나 난방하는 데도 사용되었다. 즉, 오랜 과거부터 우리 일상생활 전반에 걸쳐 없어서는 안 되는 자원이었다.

초기 철기~원삼국, 삼국시대, 통일신라시대에 해당하는 발굴지에서 출토된 목제유물을 대상으로 수종 분석을 실시한 결과 일상생활에 필요한 용기류, 농공구류 및 기타 생활구류를 만들기 위하여 다양

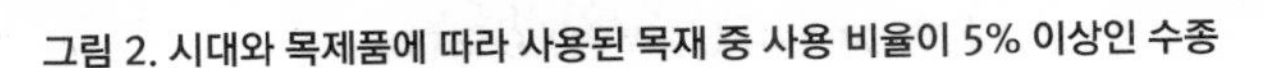

그림 2. 시대와 목제품에 따라 사용된 목재 중 사용 비율이 5% 이상인 수종

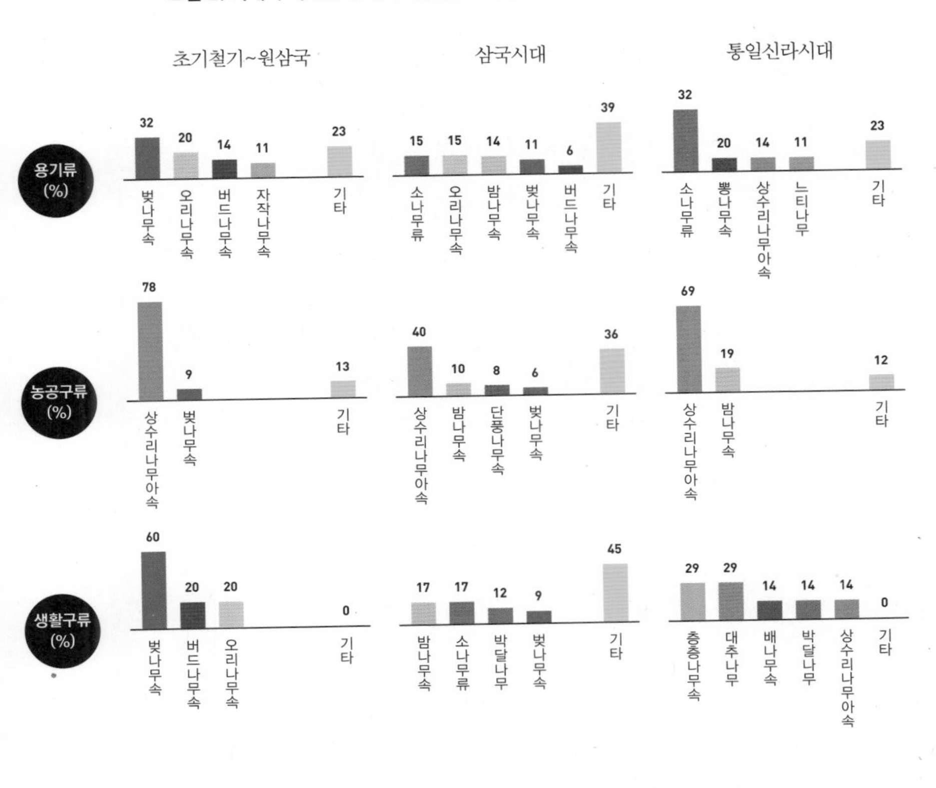

출처: 이광희 박사논문, 충북대학교, 2017.

한 활엽수들이 높은 비율로 사용되었다.[10, 11] 그중 참나무과에 속하는

10 국립가야문화재연구소, 「한국의 목기」, 『국립가야문화재연구소 연구자료집』 제41집, 2008, 193~225쪽.

11 이광희, 「경산 임당 유적(2~4세기) 출토 목재유물의 분석을 통한 제작기법 식별 및 고환경 추정」 충북대학교 박사학위논문, 2017, 16~34쪽.

상수리나무아속(상수리나무, 굴참나무)과 밤나무가 차지하는 비율이 매우 높다.

침엽수로 확인된 목제품들의 경우에는 소나무가 차지하는 비율이 두드러지게 높다. 특히, 종이가 널리 보급되기 전에는 시대와 출토 지역에 상관없이 문자 기록을 위해 제작된 목간(木簡)이나 목간 형태의 목제품, 또는 도마와 나막신 제작에 소나무 사용이 두드러지게 많았다.

강도나 아름다운 무늬가 필요한 목제품을 제외한 일상용품 제작에 소나무를 많이 사용한 것이다. 이러한 결과가 나온 이유로 학계에서는 과거의 숲에는 지금과 유사하게 참나무류와 소나무가 많았기 때문이라 설명하고 있다. 결국, 소나무는 오랜 과거부터 지금까지 우리 자연환경과 일상생활에 늘 함께한 수종 임을 알 수 있다.

우리와 늘 함께한 소나무가 모든 나무의 으뜸으로 자리매김한 것은 유교적 상징성과 송정(松政)이라는 제도 때문일 것이다. 국가가 나서서 국용 목재의 지속적 공급을 위해 소나무를 관리하고 보호한 것이다. 조선시대에는 소나무 벌채를 금지하기 위해 금표(禁標)를 설치할 정도였다. 이러한 보호를 받은 소나무는 국가 행정과 방어 및 무역에 중요한 궁궐, 관아, 선박, 그리고 조상의 장례에 중요한 목관(木棺)을 제작하는 데 주로 사용되었다.

목관 제작, 즉 치관(治棺)에 관한 규범에 관한 기록은 『국조오례의(國朝五禮儀)』, 『국조속오례의(國朝續五禮儀)』, 『주자가례(朱子家禮)』, 『가례집람(家禮輯覽)』, 『가례원류(家禮源流)』, 『사례편람(四禮便覽)』, 『상례집해(喪禮輯解)』, 『가례부췌(家禮附贅)』, 『상례비요(喪禮備要)』, 『사례고

그림 3. 과거 소나무가 사용된 모습

13세기 초 태안 마도 1호선

17세기 중반 김룡사 대웅전

19세기 경복궁 근정전

18세기 풍산 홍씨 목관

출처: 저자 촬영

증(四禮考證)』, 『사례찬설(四禮纂說)』, 『상례초(喪禮抄)』, 『상변통고(喪變通攷)』 등에서 찾아볼 수 있는데,[12] 『주자가례』(1170년)를 제외하면 모두 조선시대에 편찬된 서적들이다.

12 이현채, 「조선시대 목관의 연륜연대와 치장·치관 연구」, 충북대학교 석사학위논문, 2009, 1쪽.

이렇게 많은 편찬이 조선시대에 있었던 것은 장례가 당시 사회에 그만큼 중요하기 때문일 것이다. 그리고 그 중심에 소나무가 있었다. 지금까지 조선시대로 확인된 목관을 수종 분석을 한 결과에 따르면 모두가 소나무였다.

소나무가 궁궐의 나무가 되기까지!

우리 일상생활에서 필요한 물건을 만들고자 사용되는 목재와는 달리 건축을 목적으로 사용되는 목재는 대체로 크고, 곧아야 한다. 그리고 건축물을 짓기에 충분하게 많아야 한다.

구석기부터 조선시대까지 해당하는 유적지의 주거지 또는 사찰, 관아, 궁궐과 같은 건축물 65개에서 획득한 5,848점의 목부재를 조사한 결과, 소나무는 시대가 흐를수록 더욱 중요한 나무로 자리매김하였다.

구석기부터 원삼국시대에 해당하는 선사시대 주거지 내 건축물에서 소나무가 차지하는 비율은 약 5%였다. 이후, 삼국시대 6%, 고려시대 71%, 조선 전기와 중기 73%(1392~1724년), 조선 후기(1725~1910년) 88%로 계속 증가하였다.[13]

속초 영랑호 퇴적층에 쌓여있는 꽃가루를 층위별로 조사한 결과에서도 신석기에는 주로 참나무속, 신석기 후기에는 소나무류·참나무속·서어나무속, 청동기와 원삼국시대에는 참나무속·소나무류·서어나무속·개암나무속·느릅나무속·가래나무속, 통일신라부터 조선시대에

13 박원규·이광희, 「우리나라 건축물에 사용된 목재 수종의 변천」, 『건축역사연구』 제16권 제1호, 2007, 9~28쪽.

그림 4. 시대별 우리나라 주거지 유적 및 건축물에 사용된 목재 중 5% 이상인 수종

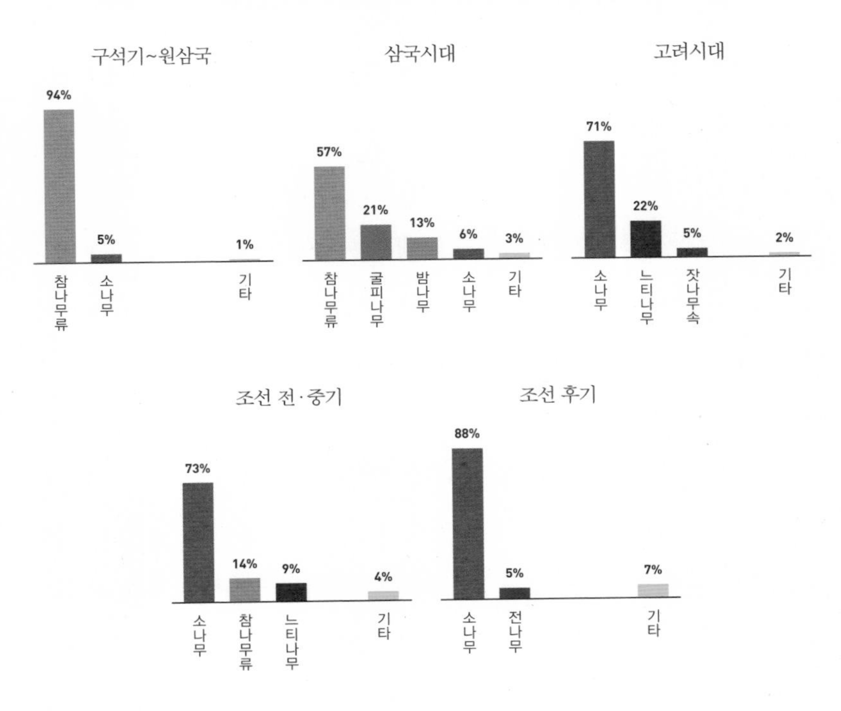

출처: 박원규 · 이광희, 「우리나라 건축물에 사용된 수종의 변천」, 『건축역사연구』 2007.

는 소나무류가 숲 대부분을 차지하는 것으로 조사되어 수종 분석 결과와 큰 차이가 없었다.

소나무가 주요 건축 재료로 등장하기 시작한 고려시대에 소나무는 왕목(王木)[14]으로 여겼다. 그리고, 건축뿐만 아니라 강한 수군(水軍), 그리고 해양 무역에 필요한 선박 제작에도 소나무를 사용하였다.

서해와 남해에서 인양된 고려시대 선박(완도선, 달리도선, 십이동파도선, 안좌선, 대부도1호선, 대부도2호선, 태안선, 마도1호선, 마도2호선, 마도3호선, 마도4호선)[15] 모두에 소나무가 사용되었기 때문이다. 이러한 소나무를 보호하고자 『고려사』의 '형법지(刑法志)'에서는 공적 목적이 아닌 경우에는 소나무 벌채를 금하도록 하였다.(현종 4년, 1013)[16] 더불어 소나무 식재 및 소나무에서 발생한 송충이 피해에 대한 기록도 있어서 소나무를 위한 적극적인 관리도 있었음을 알 수 있다.

조선시대에 들어 소나무는 더욱 중요한 나무가 되었다. 모든 산림 정책이 소나무를 위한 것이었기 때문이다. 송정(松政)이란 용어가 조선 후기부터 사용되긴 하였으나,[17] 고려시대와 마찬가지로 조선은 초기부터 정부 주도 아래 소나무 식재와 관리를 적극적으로 시행하였다. 이런 관리가 필요했던 이유는 소나무가 변하지 않는 절의의 상징성을 가진 나무임과 동시에 국가 건설 즉, 궁궐이나 관아를 짓거나 전선(戰船)을 만드는 데 중요한 나무였기 때문이다.

조선 전기와 중기에 지어진 25건의 건축물에 사용된 소나무 목재

14 이정호, 『한국인과 숲의 문화적 어울림』, (수명출판, 2018).

15 김응호, 홍순재, 김병근, 한규성, 「수중출토된 고선박의 구조와 목재수종의 변화」, 『해양문화재』 14호, 2021, 263~285쪽.

16 김진수 외, 「고려 사회의 소나무」, 『소나무의 과학』, (고려대학교출판부, 2015), 328~334쪽.

17 배재수, 「조선후기 송정의 체계와 변천 과정」, 『산림경제연구』 2002, 제10권 제2호, 22~50쪽.

의 사용 비율에 따르면 고려시대 건축물에서 확인된 소나무 사용 비율인 71%보다 소폭 상승한 73%였지만, 조선 후기에는 88%로 많이 증가하였다.

조선 전기와 중기에 비해 조선 후기에 소나무 사용이 많이 증가한 결과를 이해할 때 눈여겨볼 사항이 있다. 바로 분석 대상 건축물의 용도이다. 조선 전기와 중기 건축물의 대부분은 사찰이며, 후기 건축물의 대부분은 궁궐이기 때문이다.

조선왕조 500년 동안 불교는 억불정책(抑佛政策)으로 탄압을 받았다. 이러한 이유로 대부분의 사찰은 산으로 쫓겨 들어갔다. 상황이 이렇다 보니 사찰을 지을 때 필요한 목재 대부분은 인근에서 조달했을 것이다. 따라서 조선시대 사찰 건축에 사용된 목재 수종은 건축 당시의 주변 식생을 이해하는 데 사용되기도 한다.

사찰의 기둥, 대들보, 창방, 평방과 같은 큰 부재와 포, 서까래, 동자주 등과 같은 작은 부재 대부분에서 소나무가 다수 확인된 것을 보면 당시 사찰 인근에는 크고 작은 소나무가 많았음을 짐작할 수 있다. 소나무를 제외하면 참나무류(14%)와 느티나무(9%)가 다음으로 많았다.

현재 목조 문화유산으로 지정된 건축물은 총 256건이다. 이 중 궁궐 건축물은 24건이며, 모두 조선 후기에 다시 지어졌다. 궁궐을 짓기 위해 사용된 목재 수종을 알기 위해 총 10,994점을 대상으로 수종을 분석한 결과 98.3%인 10,809점이 소나무였다.[18]

---

18 국립문화재연구원, 「중요 궁궐 및 관아 건축문화재 수종에 대한 연구」 연구보고서, 2015.

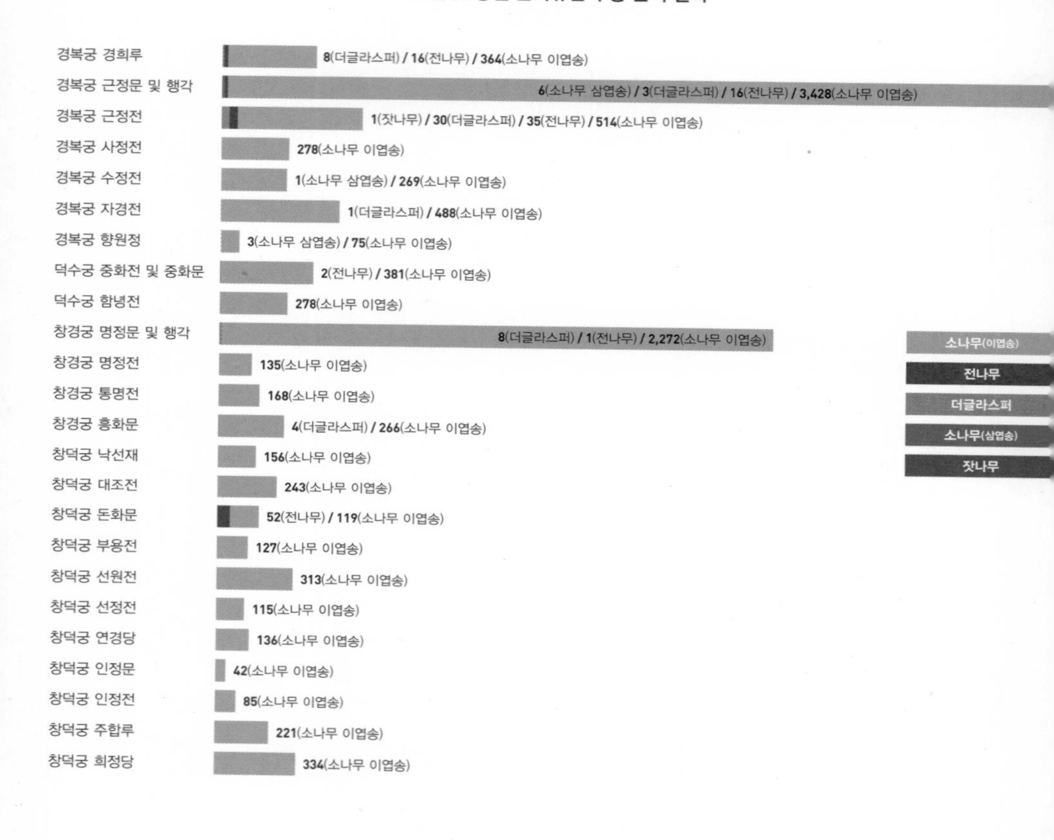

출처: 국립문화재연구원, 「중요 궁궐 및 관아 건축문화재 수종에 대한 연구」, 『연구보고서』, 2015, 228쪽.

조사를 위해 기둥, 보, 도리, 창방, 평방, 추녀와 같은 대형의 부재는 거의 빠짐없이 조사하였으며, 포, 화반, 동자주, 주두와 같은 소형 부재들은 일부를 선발하여 조사하였다.

조사된 궁궐 건축물 24건 중 14건에서는 오로지 소나무만 확인되었다. 소나무의 유교적 문화적 상징과 조선 후기의 강한 송정정책으로 소나무는 이렇게 궁궐의 나무가 되었다.

왜 우리는 소나무를 선택했나?

숲, 나무, 또는 기후에 관심이 있다면 지금의 숲이 과거에는 어떤 모습이었을까 하는 생각을 한 번쯤은 했을 것이다. 기후변화로 개화는 빨라지고, 따뜻한 지역을 좋아하는 일부 수종들은 북상하여 숲의 모양이 달라지고 있기 때문이다. 소나무도 예외는 아니다. 여러 연구와 관찰을 통해 기후변화를 포함한 산불과 소나무재선충병 피해로 소나무 생장이 쇠퇴하거나 고사하는 경우가 증가하고 있음이 확인되었기 때문이다.[19]

중생대 백악기(기원전 1억 4500만 년~기원전 6600만 년)부터 한반도에 자리를 잡은 소나무[20]는 과거 발생한 다양한 환경변화로 쇠퇴와 번성을 반복하였다. 그러던 소나무가 고려시대를 시작으로 우리 곁에 늘 함께 하였고, 그 존재의 중요성은 날로 증가하였다. 그렇다면 지난 천여 년간 한반도는 소나무 생장에 최적의 환경조건이었을까?

삼국시대까지는 목제품이나 건축물에 사용된 목재 수종은 다양했다. 특히, 활엽수의 비율이 높았는데,[21] 이는 용도에 따라서 다른 수종

19 정영진, 「우리나라에서의 소나무재선충 피해발생과 확산현황」, 『한국수목보호연구회』 제7권, 2002, 1~9쪽

20 공우석, 『우리 식물의 지리와 생태』, (서울:지오북, 2008), 335쪽.

21 이광희, 「경산 임당 유적(2-4세기) 출토 목재유물의 분석을 통한 제작기법 식별 및 고환경 추정」 충북대학교 박사학위논문, 2017, 25쪽.

을 사용했기 때문이다. 무엇보다 필요로 했던 여러 수종이 숲에 충분했었을 것이다.

숲에 다양한 종류와 크기의 나무들이 스스로 자리를 잡기 위해서는 매우 긴 시간이 필요하다. 먼저 새로운 서식지에 뿌리를 내려야 하고, 새로운 자연환경에 적응해야 하며, 다른 나무들과의 경쟁에서도 이겨내야 하기 때문이다. 그렇기에 고려시대 전까지 활용한 목재의 수종을 살펴보면 정도의 차이는 있으나 유사한 종류의 활엽수들이 천년을 넘게 사용되었다.[22]

따라서 천년을 넘게 조금씩만 변했던 숲이 고려시대를 시작으로 소나무가 우점할 수 있는 환경으로 갑작스럽게 변했다고 생각하기에는 이해하기 어려운 측면이 있다. 소나무가 숲의 주인이 되기 위해서는 다른 수종들이 적응하기 어려운 햇빛은 많고, 땅은 건조하고 척박해야 하기 때문이다.

과거에 국가가 번성하거나 정책에 큰 변화가 있게 되면 대규모 토목, 건축, 무역 활동이 왕성했거나, 생활에 필요한 많은 생활구류가 만들어졌었다. 그래서 목제유물이나 목조건축문화유산 등을 연대분석하면 앞서 열거한 시대적 상황을 뒷받침해 주는 결과를 확인할 수 있다.

결국, 해당 시대에는 많은 나무가 벌채되었을 것인데, 고려시대부터는 유독 소나무를 많이 벌채하여 사용했다. 목제품 용도에 적합한 활엽수들이 사용됐던 사례가 있음에도 불구하고 소나무를 많이 사용

---

22 이광희, 「경산 임당 유적(2-4세기) 출토 목재유물의 분석을 통한 제작기법 식별 및 고환경 추정」 충북대학교 박사학위논문, 2017, 25쪽.

한 것이다.

그렇다면 소나무가 다른 나무를 대체할 만큼 모든 면에서 우수한 나무일까? 답은 '그렇지 않다'이다. 활엽수에 비해 목재를 구성하고 있는 세포의 종류, 크기, 배열이 다양하지 않기 때문에 모양은 단순하며, 미적 가치는 상대적으로 떨어지고, 주로 벌채되어 자주 사용되었던 참나무류나 느티나무보다 목재의 일반적 성질도 떨어지기 때문이다.

실제 목재의 물리적, 기계적 성질 판정에 중요한 비중과 강도를 과거에 자주 사용되었던 주요 활엽수와 비교하면 그 수치가 낮다. 목재 비중은 단위부피에 존재하는 목질의 양으로 목재의 강도에 크게 영향을 준다.[23] 이러한 이유로 외력에 대한 목재의 저항성능을 실험한 결과를 보면 표 4와 같이 비중이 높은 수종의 강도 값이 대체로 높다.

그럼에도 소나무 사용률이 증가한 이유는 쓸모 있는 활엽수를 이미 많이 벌채하여 이용할 수 있는 활엽수가 숲에 얼마 남지 않았기 때문으로 생각할 수 있다. 하지만 이미 살펴본 시대적 상황을 고려한다면 고려시대부터 소나무 이외의 나무들은 일반 백성들의 주거 난방과 취사 연료로 쉽게 이용되었을 것이다.[24]

난방과 연료를 위한 나무 채취가 증가할수록 숲은 황폐화해졌을 것이고, 이러한 환경에 적응력이 뛰어난 소나무가 숲에 주로 남게 되었을 가능성도 놓쳐서는 안 될 것이다.

---

23 전통건축수리기술진흥재단·국립산림과학원·충북대학교. '목재 특성', 「전통건축에 쓰이는 우리 목재」, 2022, 36-52쪽.

24 김진수 외, 「고려 사회의 소나무」, 『소나무의 과학』, (고려대학교출판부, 2015), 333쪽.

표 4. 소나무와 주요 활엽수 목재의 강도 특성

	소나무	졸참나무	상수리나무	느티나무
횡단면				
전건비중	0.44	0.78	0.80	0.64
종압축강도(MPa)[25]	42.20	64.90	61.30	37.50
종인장강도(MPa)[26]	86.80	132.40	134.40	110.10
휨강도(MPa)[27]	73.20	118.40	124.50	94.00

출처: 『전통 건축에 쓰이는 우리 목재』, 2022.

결국, 예전 활엽수의 역할을 대신할 나무로 소나무만 남게 된 것이다. 고려시대를 기준으로 이전에는 목제품 용도에 적합한 나무를 숲에서 선택적으로 벌채하여 사용했다면 고려시대부터는 소나무 중심의 식생환경 그리고 문화와 정책이 소나무 사용 비율을 증가시켰다고 볼 수 있다.

[서정욱]

25 목재섬유방향으로 압축되게 작용하는 강도.

26 목재섬유방향으로 늘어나게 작용하는 강도.

27 물체의 횡하중을 견딜 수 있는 강도.

2

산림정책과 소나무 인식 변화 : 조선 후기~일제강점기

조선 후기의 송정: 소나무는 중요한 나무

조선 후기의 산림정책을 한마디로 말하면 소나무 정책, 송정(松政)이다. '소나무'라는 한 수종의 이용과 보전을 다루는 정책이 조선 후기 국가 산림정책의 거의 전부라 해도 지나친 말은 아니었다. 그 바탕에는 소나무의 상징성과 쓸모가 자리를 잡고 있다.

조선시대 집권층인 사대부는 김정희의 「세한도(歲寒圖)」로 대표되는 변하지 않는 절의의 상징성을 소나무에 부여하고, 모든 나무 중 소나무를 으뜸나무[百木之長, 萬樹之王]로 여겼다. 또한, 조선 정부는 전선(戰船)을 만드는 중요한 나무로 소나무를 규정하였다. 전함 제조를 위해 소나무가 잘 자라는 섬과 해안 주변의 소나무숲을 찾아 봉산(封山)으로 지정하고, 군사 조직인 수영(水營)의 수사에게 관리·감독권을 부여하였다.

송정은 산림정책이자 국방정책이었다. 아니, 국방정책이자 산림정책이라 이해해야 한다. 왜냐하면 송정의 출발이 양난 이후 왜(倭)를 방어하기 위해 전선의 자재로 쓰일 소나무의 안정적 공급에 있었기 때문이다. 이런 까닭으로 조선 후기의 송정은 군무(軍務)로 다루어졌고 군사 조직이 해안지역 송정의 관리기관이 되었다.

송정의 목적은 국가가 필요로 하는 전선과 조운선(漕運船, 물건을 실어 나르는 배)과 같은 선박용 목재, 궁궐 건축용 목재, 관곽용 목재 등을 안정적으로 공급하는 것이었다. 특히 조선왕조가 전선을 늘리기 시작하면서 전선 제조에 필요한 목재의 확보가 중요한 사안으로 부상했다. 당시 전선용 목재로는 주로 소나무가 사용되었다.

1419년 경기좌도 수군첨절제사 이각(李恪)은 "배를 만드는 재목은 반드시 소나무라야 한다(必須松木)"[28]라면서 선재용 소나무의 중요성을 강조했다. 1430년 병조참의 박안신(朴安臣) 역시 "그 재목은 반드시 소나무를 써야 한다(必用松木)"고 주장했고, 나아가 "소나무는 100년을 자라야 배를 만들 수 있다"[29]고 강조했다.

당시 조선 정부가 배를 만드는 데 다른 수종이 아닌 오직 소나무를 사용한 이유를 정확히는 알 수 없지만, 소나무를 사용했다는 결과는 뚜렷하다. 결국 해안 방어를 위한 전선의 제조는 국가 안보 차원에서 중요하였고, 전선 자재로 사용되는 나무는 100년 이상을 키운 소나무가 필요하였기에 한정된 소나무 자원을 안정적으로 관리하기 위한 소

28 『세종실록』 5권, 1년 8월 11일 계미(癸未).

29 『세종실록』 48권, 12년 4월 13일 계미(癸未).

나무 관리 정책이 필요하였다.

'송정'이라는 용어는 조선 후기에 사용되었다. 조선 전기에도 전선용 소나무 목재를 안정적으로 공급하기 위해 금산(禁山)을 설정하고 수도인 한양 이외의 금산[外方禁山]에 소나무를 심고 그 숫자를 보고[30] 하라고 『경국대전』에 규정하였지만, 송정이라는 용어는 사용하지 않았다.

관찬 사료인 『조선왕조실록』, 『비변사등록』, 『승정원일기』에 나타난 367개의 송정 기사를 확인한 결과 송정이라는 용어는 조선 후기 숙종 때부터 사용되기 시작하여 정조 때 가장 많이 사용되었다는 것을 확인할 수 있다.[31] 숙종 이전까지는 주로 소나무 벌채를 금지하는 금송(禁松)이라는 용어를 사용하였는데, 표현 그대로 소나무의 벌목을 금지하는 부분에만 한정되었다.

그러나 양난(兩亂) 이후, 조선 후기는 상황이 크게 변하였다. 선재용 소나무의 안정적 공급을 위해 조선 초기에는 금산(禁山)을 설정하여 산림자원을 관리했으나 이를 관리하기 위한 행정지침이나 관리체계가 미비했고, 양난을 거치면서 사실상 금산의 기능이 상실되었다. 따라서

---

30 『경국대전』「공전(工典)」'재식(栽植)'에 "지방에는 금산을 정하여 벌목과 방화를 금한다. 안면도, 변산은 해운판관(海運判官)이, 해도(海島)는 만호(萬戶)가 자세히 살핀다. 해마다 어린 소나무를 재식하거나 혹은 종자를 심어서 기르고, 연말에 재식하거나 종자를 심은 숫자를 갖추어 왕에게 보고한다. 어긴 자는 산직은 장 80, 당해 관원은 장 60에 처한다."(한우근·이성무·민현구·이태진·권오영, 『역주 경국대전(번역편)』(한국정신문화연구원, 1985), 487쪽.

31 노성룡·배재수, 「조선후기 송정(松政)의 전개과정과 특성」, 『아세아연구』 제63권 제3호, 2020, 39~78쪽.

국가 차원에서는 강력한 산림자원의 관리와 행정 조치가 필요했다.

그 결과 송정이 국가의 중요한 현안으로 등장하고, 봉산이 송정의 목적을 달성하는 중요한 수단이 되었다. 즉, 송정의 목적을 달성하기 위하여 조선 정부가 선택한 방법은 봉산을 설정하여 민간의 이용을 강력하게 차단하고 국가가 배타적으로 봉산의 소나무를 이용하는 것이었다. 즉, 조선 정부는 국가 직속의 용도림인 봉산을 설정하여 송정을 실현하고자 한 것이다.[32]

국가가 필요로 하는 소나무를 봉산으로 지정

조선 후기에는 봉산을 지정하고 관리하기 위하여 규정을 만들었다. 숙종 10년(1684)에 만든 규정인 '제도연해송금사목'은 갑자년에 만들었다고 하여 '갑자사목(甲子事目)',[33] 정조 2년(1788년)에 만든 규정인 '제도송금사목'은 무신년에 만들었다고 하여 '무신사목(戊申事目)'[34]이라고 불렀다.

갑자사목은 19조로 이루어져 있는데, 이름에서 알 수 있듯이 정책 대상은 연해(沿海)로 한정하였다. 봉산을 지정한 까닭을 "소나무가 잘 자라는 산을 선정하여 오래 기르도록 한 것은 오로지 전선(戰船)의 제

---

32 배재수, 「조선후기 송정의 체계와 변천 과정」, 『산림경제연구』 제10권 제2호, 2002, 22~50쪽.

33 갑자사목 원문과 번역문은 배재수·김선경·이기봉·주린원, 「조선후기 산림정책사」, 임업연구원 연구신서 제3호, 2002, 149~158쪽 참조.

34 무신사목 원문과 번역문은 배재수·김선경·이기봉·주린원, 『조선후기 산림정책사』, 임업연구원 연구신서 제3호, 204~219쪽 참조.

조에 쓰려고 한 것"이라고 밝히고 있다.

소나무가 잘 자라는 산을 봉산(封山)으로 지정하고 봉산의 소나무를 오래 길러[長養] 전선의 자재로 활용하고자 한 것이 봉산의 본래 목적이다. 이후 소나무가 잘 자라는 곳을 경계로 지정하였다는 의미의 '의송산초봉(宜松山抄封)', '초봉의송처(抄封宜松處)'를 줄여 '봉산(封山)'으로 부른 것이다.

1788년 제정된 무신사목은 전문 1장, 조문 29조로 구성되었는데, 갑자사목에 비해 정책의 대상이 연해만이 아니라 내륙으로 확장되었다. 봉산의 설정 이유를 "나라에는 대정(大政)이 있는데 송정(松政)이 그중 하나이니, 대개 국가 비상을 대비하여 전함(戰艦)을 만드는 자재로 쓰고 세곡(稅穀) 운반용 배를 만드는 자재로 쓰기 위한 것이다. 위로는 궁궐의 건축자재를 대비하고 아래로는 백성들의 생활물자를 이바지하기 위한 것으로, 그 쓰임새가 지대(至大)하기 때문에 송금(松禁)이 지엄(至嚴)한 것이다."라고 구체적으로 담고 있다.

송정의 범위가 전선 자재의 공급만이 아니라 궁궐의 건축자재와 민간의 생활물자 조달로 확대되었다. 양난 이후 104년이 지난 정조 시기에는 해안 방어의 시급성은 양난이 발생한 시기에 비해 낮아졌다고 볼 수 있다. 하지만 봉산을 설정한 목적의 중심에는 국가 비상을 대비하여 전함 자재를 공급한다는 근본 취지는 달라지지 않았다. 그러기에 송정이 국가의 중요 정책[大政]으로 취급될 수 있었다.

봉산의 소나무는 주로 전선용 선재로 사용되었으나 왕실의 궁궐 건축을 위해 대경목이 필요한 경우 특별히 궁궐 건축재로 사용되기도 했다.[35] 하지만 위와 같은 특수한 경우를 제외하고는 선재 이외의 용도로 사용을 금지하였다.

1807년 경상감사 윤광안(尹光顔)은 감영 건물을 짓는 데 필요한 재목의 대부분을 사양산(私養山)에서 구했지만, 용마루와 대들보는 구하기 어렵기 때문에 봉산에서 조달할 수 있도록 조정에 허락을 요청했다. 이에 비변사는 생송(生松)은 침범하지 말고 바람에 꺾인 소나무[風落松]와 말라서 죽은 나무[枯死木]만 사용한다는 것을 전제로 허가했다.[36]

1813년 경상감사 김노응(金魯應) 역시 감영 건물의 재건축을 위해 사양산에서 구하기 어려운 대송(大松) 10주와 중송(中松) 100주를 봉산에서 채취할 수 있도록 비변사에 허가를 요청했는데, 마찬가지로 비변사는 풍락송에 한정하여 허가하였다.[37] 이처럼 관청 건물의 건축에 필요한 목재조차도 가능한 사양산에서 조달했으며, 부득이한 경우에만 조정의 허락을 얻어 전선용 선재로 사용하기 어려운 풍락송과 고사목만을 이용할 수 있었다.

봉산의 소나무 한 그루를 몰래 베면 곤장 60대

그렇다면 조선 정부는 송정을 어떻게 실현하였을까? 단순히 봉산

---

35 배재수, 「조선후기 국영 영선목재의 조달체계와 산림관리: 창덕궁 인정전을 중수를 중심으로」, 배상원 편, 『숲과 임업』, 숲과 문화총서 8(수문출판사, 2000), 183쪽.

36 『비변사등록』 198책, 순조 7년 1월 3일.

37 『비변사등록』 203책, 순조 13년 12월 28일.

을 설정하였다고 하여 소나무가 지켜지는 것은 아니다.

송정의 내용을 파악할 수 있는 조선 전기 2개, 조선 후기 8개의 송정 관련 사목을 분석한 결과 대부분 금산과 봉산의 경계 내에서 민간인의 경작을 금지하고 묘를 쓰지 못하게 하며 도벌과 화전, 방화를 금지하고 돌을 캐가는 것을 금지하는 강력한 금제(禁制) 정책에 집중되었다.[38] 국방과 관련된 송정과 봉산이니, 이를 관리하는 처벌 수단 역시 매우 엄했다.

1744년에 반포된 『속대전(續大典)』을 보면 봉산에서 큰 나무 10그루를 베면 사형, 9그루 이하는 지방이나 섬으로 유배를 보내도록 하였다. 나무 한 그루를 몰래 베다 걸리면 곤장 60대에 처할 정도이니, 그 관리의 엄격함을 알 수 있다.

반면, 나무를 심어 숲을 조성하는 조장(助長) 정책은 18세기 말에 도입되었다. 『대전통편(大典通編)』(1785)에 "외읍인으로서 개인적으로 나무 천 그루를 심고 재목이 될 만큼 육성시킨 자는 해당 수령이 실지 심사하여 관찰사에게 보고하고 이를 논상(論賞)한다."는 규정을 두었다. 이러한 변화는 무신사목에서 더욱 구체적으로 나타났다.

조림[栽植]이 효과를 거두지 못한 이유 중 하나가 의무만 있고 혜택이 없는 조림 정책에 있다고 판단한 조선 정부는 산림조성에 성공한 산직(山直)이나 감관(監官)에게는 신역(身役)을 면제시켜 주고 인사고

38 송정은·배재수, 「조선후기 송정의 체계와 변천 과정」, 『산림경제연구』 제10권 제2호, 2002, 22~50쪽 참조.

과에 반영하여 승진토록 하는 조장 정책을 도입하였다.[39] 이러한 정책 전환은 강압적인 금제정책만으로는 국가가 원하는 산림자원을 제대로 조성할 수 없다는 반성에서 비롯된 것이라고 볼 수 있다. 그러나 이러한 조장 정책이 실제 현장에 적용되어 봉산 관리에 실제 얼마나 긍정적 영향을 주었는지를 판단할 수 있는 자료를 찾기는 어렵다.

송정과 봉산의 관리·감독의 권한은 실질적으로 군정 계통의 수사(水使)에게 부여되었다. 송정을 둘러싼 인사권에 대해 행정기관의 장인 감사는 수사와 상의해야 했다. 하지만, 인사권을 행사하는 주체는 어디까지나 감사였기 때문에 원칙상 감사가 도 단위 송정 감독의 책임자였다. 그러나 실제 송정의 운영 과정을 보면 감사보다 수사의 권한이 더 강했던 것으로 보인다.

1762년 황해도 장연부(長淵府)의 화재로 인해 송전(松田)이 불에 타

---

39 감관과 산지기들에 대하여는 벌만 있고 상이 없다면 또한 즐거이 자기 맡은 일을 하도록 하는 바른 방법이 아니니, 그들 가운데 정성을 다하여 금양(禁養)하여 울창한 숲을 만든 자의 경우, 감관(監官)은 읍(邑)에서는 향임(鄕任)의 직책에, 진(鎭)에서는 군임(軍任)의 직책에 각기 적당한 자리를 따라 승진 임명시키고, 더욱 출중하여 여러 송전(松田)들 가운데 가장 으뜸으로 만든 자는 그 그루 수를 헤아려서 수고한 성적을 나열하고 순영(巡營)과 수영(水營)에서 상의하여 장계를 올려 가자(加資: 조선시대 인사 제도에서 관리들이 임기가 찼거나 근무 성적이 좋은 경우에 자급(資級)이나 품계를 올려주던 일)를 청하도록 한다. 산지기는 영문(營門)에서 상을 주고, 가장 으뜸으로 포상할 만한 자는 아들 한 사람의 신역(身役)을 면제하여 주며 민둥산이 된 곳에 씨를 뿌리고 묘목을 심어 그것이 몇 자 이상 자라거나 싹이 자랄 것이 확실한 숲을 조성한 자는 기축정식(己丑定式)에 의하여 1만 그루 이상은 장계를 올려 가자를 청하고, 9천 그루 이상일 경우는 그 많고 적음에 따라 향임과 군임의 직책을 적절하게 승진 임명하며 산지기는 1만 그루 이상일 때 가자할 것을 청하는 장계를 올리고, 9천 그루 이하 수천 그루 이상이면 한 아들은 신역을 면제하여 주거나 혹은 따로 시상한다.

자, 황해수사 이일제(李逸濟)는 장연부 부사(府使) 정경증(鄭景曾)을 파면했다. 황해수사의 이와 같은 조치에 대해 황해감사 조영진(趙榮進)은 "송전의 실화(失火)는 매우 놀라운 일이나 수사가 군무(軍務) 외는 수령을 제 마음대로 결정[擅斷]하여 파면할 수 없음은 조정의 금령"임에도 불구하고 "수사 이일제는 여쭙지 않고 곧바로 수령을 파면하였으니 문책"이 있어야 한다며 비변사에 조치하여 줄 것을 청원하였다.

황해감사는 송정을 수사가 담당하는 군무가 아닌 일반 행정 업무로 인식하고 수령을 파면한 황해수사의 조치를 월권으로 생각하였다. 하지만 영의정 홍봉한(洪鳳漢)은 위 사안에 대해 "송정의 사무는 곧 군무이니 어찌 죄를 논할 수 없겠습니까? 수사가 소청한 대로 시행하고 감사의 장문은 그대로 두는 것이 어떻겠습니까?"라며 영조에게 건의했다. 우의정 윤동도(尹東度) 역시 "송전의 권한이 수사에게 돌아간 뒤라야 수령을 단속하여 제재할 수 있습니다"라며 홍봉한의 의견에 동조했다. 이에 영조는 송정도 군무임을 강조하며 도리어 감사의 잘못을 꾸짖고 처벌했다.[40]

"송정의 사무는 곧 군무"라는 말처럼 조선 후기의 송정은 산림정책이기 이전에 국방정책이었고, 그런 까닭에 송정의 이행 수단은 강력한 금제정책이 될 수밖에 없었다.

40 『비변사등록』 141책, 영조 38년 3월 22일.

국방을 담당하는 수사가 봉산의 관리를 맡은 이유

"송정이 곧 군무이다"라는 표현은 송정을 국가방어체계의 연장선상으로 보던 당시 조선왕조의 인식을 그대로 나타내고 있었다. 전선용 선재를 안정적으로 공급하는 것이 송정의 가장 중요한 목적이었기 때문에 그 성격이 군정에 가까울 수밖에 없었다. 따라서 조선왕조는 송정을 관리하는 책임 역시 도 단위 민정을 총괄하는 감사보다 군정을 담당하는 수사가 담당하는 것이 효율적이라고 생각했다.

송정에 대한 수사의 권한이 감사보다 더 강했던 또 다른 이유는 봉산의 분포와 밀접한 관련이 있다. 조선왕조는 전국에 소나무가 잘 자라는 635곳을 봉산으로 지정하여 민간의 벌채를 금지했다.[41]

봉산은 크게 용도에 따라 봉산·황장봉산(黃腸封山)·송전(松田)으로 구분되었다. 봉산은 282곳(45%), 황장봉산은 60곳(9%), 송전은 293곳(46%)으로 합계 635곳에 달했다. 이 중 봉산과 송전은 주로 전선용 소나무를, 황장봉산은 관곽용 소나무를 공급하였다.[42] 봉산의 91%가 주로 전선용 선재를 조달하는 목적으로 설정되었다는 사실을 미루어 볼 때, 봉산은 사실상 전선용 선재 공급지로 기능했다고 볼 수 있다.

〈그림 6〉은 전국에 있는 군현 단위 봉산의 분포와 수영이 관할하는 지역의 상관관계를 나타낸 도표이다. 우선 봉산이 설치된 군현과 수영

41 『민기요람』 재용편 5 송정.

42 봉산과 송전의 차이에 대해 배재수는 의송지 중에 격이 높은 것을 봉산, 격이 낮은 것을 송전으로 보고 있다. 배재수, 「조선 후기 송정의 체계와 변천 과정」, 『산림경제연구』 제10권 제2호, 2002, 51쪽.

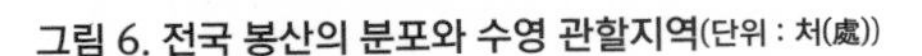
그림 6. 전국 봉산의 분포와 수영 관할지역(단위 : 처(處))

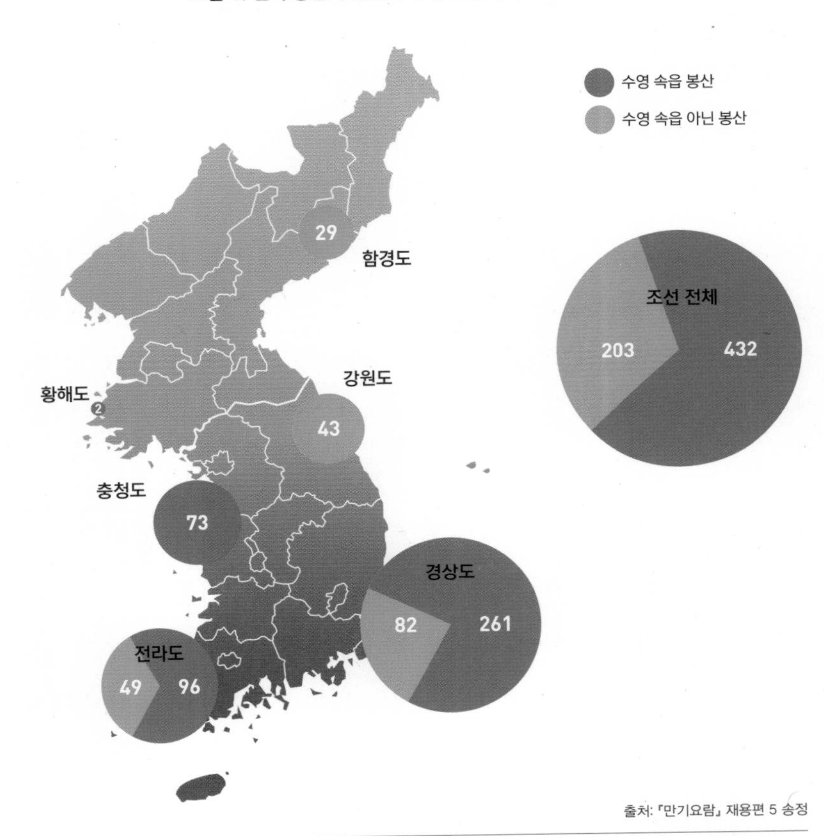

출처: 『만기요람』 재용편 5 송정

의 속읍(屬邑)이 일치하는 비율은 68%에 달했다. 만일 수영의 속진(屬鎭)까지 포함한다면 그 비율은 훨씬 늘어날 것이다.[43] 이를 다시 종류

43 예를 들어 27개의 봉산이 있는 전라도 강진(康津)의 경우 수영의 속읍은 아니지만, 전라우수영의 속진 중 거진(巨鎭)인 가리포진이 강진 완도에 설치되어 있었다. 또한 가리포진 휘하에 있는 고금도진, 신지도진, 마도진 등도 강진에 있었다. 완도는 『만기요람』에 저명

별로 구분하면 봉산은 69%, 황장봉산은 3%, 송전은 80%가 수영의 속읍에 설치되었다.

황장봉산은 수영이 없는 강원도에 있었기 때문에 수영의 관할지역이 차지하는 비중이 적었던 반면, 봉산과 송전은 수영이 있는 삼남 지방에 설치되었기 때문에 비중이 높았다. 이를 통해 알 수 있듯이 전선용 선재를 공급하는 봉산은 대부분 삼남 지방의 해안가에 설치되었고, 이 지역은 수영의 속읍·속진에 소속되어 있는 경우가 많았다. 따라서 해안 방어를 담당하는 수사가 해안지역 군현에 설치된 봉산을 관리·감독하는 것이 더욱 효율적인 방안이었다.

송정의 중요성을 고려할 때 감사와 비교하여 수사가 훨씬 엄격하게 송정을 운영했다. 1732년 조정에서는 전라도 봉산의 경우 만호-수사로 이어지는 군정 계통이 관리하는 봉산이 수령-감사의 민정 계통의 봉산보다 엄격하게 송정을 집행하기 때문에 봉산의 관리상태가 뛰어나다고 평가하고 있었다. 따라서 전라도의 봉산은 지방관이 아닌 변장(邊將)에게 맡기고 수사가 관리하도록 하며, 만일 행정구역상 관리에 문제가 발생할 때만 수사가 감사에게 통보하여 의논하도록 조치하였다.[44]

송산(著名松山)으로 소개될 만큼 유명한 봉산이었고, 고금도 역시 1448년 세종이 지정한 금산 중의 하나였다. 즉 〈그림 6〉에서 수영 속읍이 아닌 봉산으로 표시된 봉산 역시 사실상 수영의 속진에 포함될 가능성이 많기 때문에 속진을 포함할 경우, 해안가에 위치한 군현 소속의 봉산은 사실상 수영에서 관리했다고 봐도 무방할 것이다(『만기요람』 재용편 5 송정; 『만기요람』 군정편 4 해방(海方)).

44 『비변사등록』 91책, 영조 8년 3월 12일.

송정 운영에 대한 수영의 권한이 점점 커지고 동시에 이를 견제할 수 있는 장치들이 무력화되면서 다양한 문제점들이 표출되기 시작했다. 우선 수영은 송정을 국가방어 차원에서 접근했기 때문에 운영의 유연성이 매우 부족했으며 강압적으로 집행했다.

1732년 경상도에 흉년이 들자 7개 읍의 백성들이 몰래 봉산의 소나무 껍질을 벗겨 먹은 일이 발생했는데, 통제사 정수송(鄭壽松)은 송정 관리의 죄를 물어 해당 읍의 수령들을 파면했다. 이에 대해 경상감사 조현명(趙顯命)은 주례(周禮)의 예를 들며 "흉년에 백성들의 생명에 관계되는 것은 금지하는 법을 넘나듦이 있더라도 융통성을 보여야 한다"라며 수령의 구휼 행정에 관계된 부분은 참작해 달라고 조정에 상소했다.[45] 수영은 국방상의 이유로 원칙을 고수했던 반면, 감영은 민정을 감안하여 송정의 유연성을 요구했던 것이다.

위 사안에 대해 조정은 송정의 중요성을 고려할 때 처분이 가벼우면 폐단이 발생할 우려가 있기 때문에 감사까지 관리 부실의 죄를 물어 처벌하기로 결정했다.[46] 이는 조선왕조 역시 송정에 대해서만큼은 유연성보다 원칙에 입각한 엄격한 집행을 원했다는 것을 의미했다. 물론 원칙을 엄격하게 지키는 것은 제도 운용의 바탕이 된다. 그러나 백성의 생존과 연결된 구휼에서조차 금제의 원칙이 고수되었을 때 백성으로서는 송정을 충분히 강압적으로 느꼈을 것이다.

그러나 송정의 처벌 규정이 엄해질수록 봉산 주위 백성들의 삶은

---

45 『비변사등록』 91책, 영조 8년 5월 19일.

46 『비변사등록』 91책, 영조 8년 5월 26일.

힘들어져 갔다. 백성들은 집을 짓고 농기구와 생활 자재를 만드는 데 목재가 필요했다. 가축을 키우고 추운 겨울을 나기 위해서도 사료와 땔감은 늘 필요했다.

봉산이 위치한 바닷가 사람들에게 소나무는 소금을 만들기 위한 중요한 에너지원이었다. 소나무숲을 보전하면서 목재를 둘러싼 국가와 백성들의 이용을 지혜롭게 나누는 대책이 필요하였다. 봉산의 소나무 이용은 위로 전함을 만드는 자재와 궁궐의 건축자재를 대비하는 것과 아래로 백성들의 생활물자에 이바지하는 데 조화가 필요하였으나, 늘 아래보다는 위가 중심이 되었다.

19세기 접어들어 조선의 통치 기능이 약화하자 봉산의 소나무숲도, 백성의 마음도 잃게 되었다.

정약전의 한탄, 백성은 "소나무 보기를 독충과 전염병처럼 여겨"

『자산어보(玆山魚譜)』를 쓴 정약전은 흑산도에 유배되어 송정의 문제점을 발견하고 대안을 제시한 송정사의(松政私議)[47]를 저술하였다. 정약전은 송정의 실패 원인이 나무를 심지 않는 것, 저절로 자라는 나무를 땔나무로 쓰는 것, 화전민이 나무를 불태우는 데 있다고 진단하였다.

정약전이 제시한 핵심적 대안은 이용만 하지 말고 나무를 심어 자원을 조성해야 한다는 것이었다. 이용이 전제될 때만이 백성이 나무를

47 안대회, 「정약전의 송정사의(松政私議)」, 『문헌과 해석』 제20권, 2002. 202~225쪽. 이 연구신서에서 다루는 송정사의의 내용은 모두 안대회의 번역본을 바탕으로 작성하였다.

심고 오랫동안 가꿀 수 있다는 인간의 본성을 본 것이다. 만약 그렇지 않고 송정이 엄해지기만 한다면 "소나무 보기를 독충과 전염병처럼 여겨서 몰래 없애고 비밀리에 베어서 반드시 제거한 다음에 그만" 두는 폐해를 낳는다는 것이다. 송정이 갈수록 엄해졌지만, 국가의 의도와 달리 산림은 훼손되고 백성들의 삶은 더욱 힘들어졌다.

1798년 연일현감(延日縣監) 정만석(鄭晩錫) 역시 송정을 빙자한 대민 수탈 문제에 대해 다음과 같이 조정에 보고했다. "백성이 어쩌다 소나무 가지 하나라도 가져다 쓰면 다른 산에서 베어 온 것이라 해도 각영(各營)과 본읍(本邑)에서 적간(摘奸)하여 여러 가지 핑계를 대면서 침탈하여 괴롭히고 있습니다. 그래서 집 지을 터를 잡아 놓은 자(者)는 재목 모으기를 두려워하고, 장례를 치르는 자가 관(棺) 만들기를 난처하게 여기고, 하물며 봉분(封墳)했다가 다시 파내는 경우까지 생겨나고 있습니다."[48]

이와 같은 수영의 대민 수탈은 19세기에 더욱 심해졌다. 수영은 백성들이 집, 관 등을 만들 때마다 "공산(公山)의 소나무"로 만들었다고 억지를 부리며 속전을 징수했다. 한 집안에 징수하는 양이 많은 것은 수백 수천 냥에 이르기도 했기 때문에, 재산을 탕진하고 유리걸식하는 자가 10명 중에 3, 4명은 되었다고 한다. 수영의 수탈이 너무 가혹하여 백성들은 수영 사람들만 보면 토끼가 범을 만난 것처럼 바닥에 바싹 엎드린 채 그의 명령만 따를 정도였다.

---

48 『정조실록』 49권, 22년 10월 12일 임인(壬寅).

정약전은 이와 같은 상황을 한탄하며 송정의 관리를 감영에 맡기고 수영에서 간섭하지 못하도록 해야 한다고 주장했다. 또한 무리한 속전 징수는 속전을 갚기 위해 소나무 도벌을 부추기는 악순환을 만들어 내기도 했다. 정약용은 이 악순환이 계속될 경우 "상앙 같은 엄한 법관이 다스린다고 하더라도 결코 막아내지 못할 것"[49]이라며 우려하기도 했다.

송정을 국가방어체계의 연장선으로 생각한 수영의 융통성 없는 강압적 운영, 견제 장치가 부재한 수영의 독점적 권한, 재정구조의 문제로 인해 발생하는 대민 수탈과 각종 비위행위 등의 폐단들은 백성들의 저항을 불러일으켰다. "오로지 소나무 때문에 우리가 이 지경에 이르렀다. 소나무만 없다면 아무 일이 없으리라"라고 생각하면서 비밀리에 소나무를 베어내어 몇 리에 걸친 푸른 산을 하룻밤 사이에 민둥산으로 만들어 버렸다.

즉 "백성들에게 신뢰를 얻는 것이 군사력이 강한 것이나 먹을 것이 풍족한 것보다 급하다…신뢰를 얻지 못하는 명령을 가지고 나라를 다스릴 수 있는 경우는 오랜 옛날부터 지금까지 한 번도 없었다."는 정약전의 말처럼 지나치게 강압적인 금제 정책이 도리어 백성들의 반발을 초래하고 송정 운영의 비효율성을 증대시켰던 것이다.

이제 백성들은 조정에서 금송 명령이 내려져도 응하지 않았기 때문에 수영이 도벌을 아무리 금하려 해도 이를 막을 수 없었다. 상황이 이

---

49 정약용, 다산연구회 역주, 『역주 목민심서5』, (창비, 2018), 239쪽.

렇게 되자 수영의 송정 운영에 비판적이었던 정약전마저 "사람들은 모두 법이 지켜지지 않는 책임이 수영에 있다고들 하지만 비록 매나 범으로 수사를 삼는다고 해도 필시 금지하지 못할 것이다"라고 말했을 정도로 그동안 엄격하게 운영되었던 수영의 송정 운영 마저 사실상 그 기능이 정지될 지경에 이르렀다.

200년 이상 지속된 송정의 금제정책과 영향

지금까지 살펴본 것처럼 금제 중심의 송정은 백성들의 반발을 초래하였고 이는 송정 운영의 비효율성을 증가시켰다.

조선 후기의 실학자들은 금제 중심의 송정을 비판하며 이를 완화할 것을 주장하기도 했다. 실제로 조정에서도 폐지된 봉산[廢封山]을 민간에 개방하는 방안이 논의되기도 했으며, 국가의 소나무 목재 수요를 줄이기 위한 다양한 수요 조절 정책이 강구되기도 했다. 하지만 위와 같은 논의들은 국가방어체계가 약화될 것이라는 이유로 인해 좌절되면서 금제 중심의 정책적 기조가 계속 유지·강화되었다.

민간 수요에 대한 억압과 강압적 운영은 백성들의 반발과 비효율성을 초래했음에도 불구하고 조선왕조가 송정을 국방의 관점에서 접근한 이상 가용할 수 있는 정책적 수단은 매우 제한적이었다. 그 결과 1910년대 한반도의 남쪽 지역 산림의 79%가 치수발생지와 무립목지(無立木地)였을 정도로 조선 후기의 산림황폐화가 심화되었다.[50]

---

50 배재수·김은숙,「1910년 한반도 산림의 이해: 조선임야분포도의 수치화를 중심으로」,『한국산림과학회지』제107권 4호, 2019, 420쪽.

조선 후기 송정의 출발을 숙종 때 갑자사목으로 본다면 200년 이상 소나무 위주의 금제 정책이 나라와 백성에게 큰 영향을 미쳤다고 볼 수 있다. 왜(倭)로부터 해안을 방어하는 것은 국가 안보와 연결된 군무였다. 해안 방어를 위해 필요한 전선은 오랫동안 키운 소나무로 만들기에 소나무를 잘 관리하는 것은 국가의 대정(大政) 중 하나로 인식되었다. 조선왕조가 중요한 나무로 지정한 소나무는 당시를 살아가는 사람들 모두에게 함부로 다루어서는 안 될 중요한 나무로 인식되었을 것이다.

조선 후기를 살았던 사람들이 가장 좋아했던 나무는 무엇일까? 지금처럼 당시를 살아갔던 사람들의 과반수가 소나무를 가장 좋아한다고 인식하였을까? 나는 이 질문에 설문 조사의 응답률처럼 숫자로 답을 할만한 근거는 없다. 다만 조선 후기를 살았던 사람에게 가장 중요한 나무가 무엇이냐고 묻는다면, 지금 소나무를 좋아하는 사람보다 더욱 많은 사람이 소나무라고 답을 했을 것이다.

정부가 200년 이상 소나무 한 수종만을 중요한 나무라 여기고 강력한 금제 정책을 추진했기 때문에 이런 추측은 지나치지 않을 것이다.

중요한 나무를 바로 좋아하는 나무로 등치할 수는 없다. 그렇다 하더라도 두 세기가 넘는 기간 동안 우리의 선조는 국가의 송정으로 인해 소나무를 가장 중요한 나무로 인식하며 살았다. 이러한 인식이 당대를 살아가는 우리에게 영향을 미치며 소나무를 가장 선호하게 만든 하나의 배경이 되었다고 생각한다.

일제강점기 소나무망국론: 소나무의 번성은 망국의 증거

조선시대와 일제강점기라는 통치 권력의 차이만큼 소나무를 바라보는 두 시기의 인식도 큰 차이를 보였다. 조선시대 내내 가장 중요한 나무로 여겨진 소나무가 일제강점기에는 망국의 상징이 되었다. 일본 임학자 혼다 세이로쿠(本多精六)는 소나무가 크게 번성하면 지력이 쇠퇴하여 국운을 어둡게 한다고 주장하였다.

혼다는 1900년 「일본의 지력 쇠퇴와 소나무」[51]라는 글을 『동양학예잡지(東洋学芸雑誌)』에 실으면서 첫 문장을 다음과 같이 서술하였다.

> "옛 풍류인이
>
> 소나무의 녹음은 서리가 내리면 우거지고 / 천년 간 변하지 않는 색이 눈 속에서 깊어진다
>
> 영원히 푸른 소나무도 봄이 오면 더욱 그 색이 깊어지는구나

이러한 내용의 시를 읊었던, 이토록 축복할 만한 소나무가 너무나 불길한 우리나라 지력[52]의 쇠퇴…결국에는 망국의 전조인 이유를 논하는 과학은 실로 풍류를 모른다. 불행한 나는 천하의 산야와 강을 더욱 자주 돌아다니며, 더욱 품위 없는 남자라는 것을 슬퍼할 수밖에 없다."

---

51 本多精六, 「我国地力ノ衰弱ト赤松」, 『동양학회잡지』 제230호, 1990, 465~469쪽. 번역 전문은 부록2 참조.

52 원문에는 지방(地方)으로 되어 있으나 문맥으로 볼 때 지력(地力)의 오류일 가능성이 크다.

우리나라처럼 일본 역시 소나무가 겨울에도 잎을 떨구지 않는 상록 침엽수라는 사실에 상징적 가치를 높이 두고 있다. 동경대학교 조림학 연구실의 교수를 맡고 있던 혼다는 과학자로서 소나무의 번성을 지력의 쇠퇴와 망국의 전조로 보았다. 즉, 임학자인 혼다에게 소나무의 번성은 산림파괴와 건조화의 지표였다. 이러한 인식은 소위 '적송망국론(赤松亡國論)'으로 알려진 이론의 배경이 되었다.

혼다 인식의 중심에는 음수(陰樹)는 바람직하고 양수(陽樹)는 바람직하지 않다는 이분론이 자리를 잡고 있다. 그는 가지와 잎이 그늘에서 견딜 수 있는 성질을 가진 음수가 토지의 건조를 막아 지력 보호에 효과적이지만, 소나무와 같은 양수는 그늘에서 잘 견디지 못하며 주로 빛이 강하게 내리쬐는 맨땅을 점령하게 되어 결국 땅이 건조해지고 지력이 쇠퇴한다고 인식하였다.

혼다는 일본 전역을 돌아다니면서 소나무숲이 확대되는 현상을 목격하고 "적송의 번식은 결코 과거의 풍류인이 말했던 것처럼 단순히 축복할 현상이 아닌, 오히려 일본의 지력 쇠퇴를 증명하는 것이므로 매우 슬퍼할 만한 일이라는 사실에 늘 주의해야 한다."고 경고했다.

혼다가 주장하는 '적송망국론'의 출발은 일본을 대상으로 한 것이었다. 그러나 1910년 일본이 조선을 강제 점령하면서부터 그 인식의 공간적 대상에 조선이 포함되었다. 혼다는 1910년 말에 제작된 조선임야분포도를 보고 자신의 주장에 더욱 확신을 갖게 되었다.

조선임야분포도에는 화전과 함께 소나무가 표기되어 있었는데, 혼다는 이 지도를 보고 소나무와 산림파괴 관계가 증명되었다고 보았다.[53] 그러나 일본의 또 다른 임학자인 고메이에는 조선임야분포도에 화전과 함께 소나무가 표기된 것 자체가 혼다가 제기한 '적송망국론'을 뒷받침하기 위한 의도가 있었을 가능성을 제기한다.[54] 즉, 혼다는 일본에서 자신이 가설로 제기한 '적송망국론'을 조선의 산림이 증명한다면서 조선임야분포도를 자의적으로 해석, 활용했을 가능성이 있다고 보았다.

배재수와 김은숙은 2019년에 종이 지도인 조선임야분포도를 수치지도로 전환하였다. 조선임야분포도에 화전은 무립목지에 '〃'로 표시되어 있다. 무엇보다 조선임야분포도에서 표시된 무립목지는 말 그대로 나무가 없는 곳으로, 소나무가 있는 지역으로 볼 수 없다. 더욱이 화전 지역 주변을 보면 활엽수도 적지 않게 보인다. 이런 측면에서 보면 조선임야분포도에서 화전이라는 산림 훼손 행위와 소나무의 발생을 바로 연결하는 것은 무리가 있다.

고메이에 역시 "혼다의 입장에서 보면, (조선의) 중·남부에 형성된 소나무의 소림(疏林)은 '황폐(荒廢)'를 체현하는 것에 다름 아니다. 그러나 이것이 중·남부에 집중한 인구를 지지하는 채취 활동에 의해 만들어졌을 가능성에 대하여 '남벌 또는 온돌제'라고 언급하고 있을지라

---

53 이러한 글은 無記名, 『朝鮮ニ於ケル火田ノ性質及ヒ改良策』, 朝鮮總督府月報, 1911, 1~6쪽에 나와 있다. 이 글은 다시 善生永助, 『火田ノ現狀』. 朝鮮總督府調査資料 15』, 1926에 혼다의 이름으로 다시 실린 것으로 보아 1911년에 무기명을 혼다로 간주하였다. 이러한 내용은 고메이에의 논문에 더욱 자세히 실려 있다.

54 米家泰作, 「植民地朝鮮における燒田の調査と表象」, 『계간 동북학』, 2017년 제7호, 2017, 79쪽.

도 화전을 주요인으로 간주하는 것에는 의문이 있다. 덧붙여 대략 화전이 북부에 편중하여 분포하고 있음에도 '황폐'가 남부에 넓게 존재한다는 것을 설명할 수 없다"[55]고 혼다의 주장을 반박하고 있다.

일제강점기 조선총독부의 소나무에 대한 인식 역시 '적송망국론'의 시각에서 벗어나지 못하였다. 그러나 실제 조림의 현실은 달랐다.

1911~1943년 동안 심은 나무는 85억 3,965만 그루였다. 일반 묘목조림이 86.8%, 사방조림이 7.7%, 일반 파종조림이 5.5%를 차지하였다. 가장 많이 심은 나무는 낙엽송류가 15.1%(12억 9,236만 그루)였고 이어 상수리나무 12.8%(10억 9649만 그루), 소나무 11.5%(9억 8115만 그루), 곰솔(해송) 11.0%(9억 4,128만 그루), 미루나무, 오리나무류, 잣나무, 밤나무, 아까시나무, 대나무 순이었다.

조림수종이 조선시대와 달리 다변화된 것은 사실이지만 소나무 조림을 안 할 수는 없었다. 소나무는 전국 어디서나 잘 자라고, 비교적 양묘도 편한 수종이었다. 더욱이 황폐된 땅에 바로 양분 요구도가 높은 활엽수로 대체하기도 어려웠다. 이런 이유로 조선총독부가 제시한 지역별 조림수종에 소나무는 빠지지 않고 포함되었다.[56]

일제강점기 조선총독부는 소나무를 조선시대처럼 중요한 나무로 인식하지 않았다. 도리어 소나무의 번성을 망국의 증거로 보았다. 이런

---

55 米家泰作, 「植民地朝鮮における燒田の調査と表象」, 『계간 동북학』, 2017년 제7호, 2017, 79쪽.

56 조림용 종자선정방침에 따르면 소나무는 전국 각 도에서 종자를 채취하여 양묘하도록 하였다. 岡衛治, 『朝鮮林業史(下)』, 1945, 81쪽.

인식에도 불구하고 지력이 떨어진 임지에는 소나무를 심을 수밖에 없었다. 통치 권력인 조선총독부의 소나무 인식과 달리 조선인에게 소나무는 여전히 '으뜸나무', '중요한 나무', '늘 보는 나무'로 인식되었다.

[배재수]

3
대한민국의 산림정책과 소나무 인식

소나무숲 관련 산림정책 개요

광복 전후, 한반도의 산림자원은 남부지역보다 북부지역에 상대적으로 더 많이 분포되어 있었고 인구는 남부에 더 많았다. 곧이어 6·25 전쟁이 발발하여 남·북한이 분단되면서, 남한은 황폐한 산림자원으로 더 많은 인구를 부양해야 하는 상태가 되었다.

결국, 전쟁 과정에서 발생한 직접적인 피해, 보유한 산림자원을 초과하는 연료용 목재 사용, 화전의 확대, 사회 혼란을 틈탄 생계형 도벌 등이 남한지역의 산림자원을 극도로 악화시켰다.[57]

식민지 시대와 전쟁을 거쳐 오랫동안 황폐되었던 우리 산림은 대한민국 산림정책으로서 1970년대 치산녹화계획이 추진되면서부터 본격

57 배재수·주린원·이기봉, 「한국의 산림녹화 성공 요인」, 국립산림과학원 연구신서 제37호, 2010, 150쪽.

적으로 인공적 복구·복원, 자연적 복원이 시작되었다. 그 후 약 50년 이상의 기간 동안 다양한 분야의 산림정책들이 개발되고 시행되면서 우리나라 전역의 산림을 체계적이고 효과적으로 관리하기 위한 다양한 노력들이 추진되어 왔다.

조선시대 산림정책에서는 소나무가 가장 중요한 나무로 인식되어 왔었는데, 혼란한 시대를 지나온 후 현재의 산림정책에서는 소나무가 어떤 나무로 다루어지고 있을까? 이에 대한 답을 찾기 위해서는 1970년부터 본격 시작된 대한민국의 산림정책을 세밀하게 검토해 볼 필요가 있다.

조선시대에는 군사적 목적 등 국용목재로의 이용을 위한 핵심적이고 유일한 수단으로 소나무만을 위한 산림육성·이용·보호 정책을 펼쳤다면, 대한민국의 산림정책에서 소나무는 다양한 정책목표를 달성하기 위해 활용할 수 있는 여러 가지 수종 중의 하나로 다뤄지고 있다는 점에서 차이가 있다.

이렇게 크게 달라지게 된 배경으로는 철재와 시멘트 등 새로운 건축재의 도입으로 목재자원의 수요가 조선시대보다 감소했고, 다양한 기술개발과 정보의 확장을 통해 소나무 이외의 다른 수종들을 이용할 수 있는 기반이 확대된 것을 들 수 있다. 또한 조선시대의 주요 정책적 관심사가 국용목재자원 확보를 중심에 두었다면, 현재의 산림정책의 목표는 다양한 방향성(목재생산, 재해예방·관리, 깨끗한 물 공급, 자연환경보전, 휴양·문화 등)으로 확장되면서 다양한 수단과 방법이 필요하고, 다양한 관점과 수요가 반영되어야 하게 된 것도 중요한 배경 중의 하나라 볼 수 있다.

본 장에서는 1970년대 이후 우리나라 산림관리를 위한 다양한 분야 정책 내에서 소나무를 대상으로 한 정책이 장기적으로 어떤 흐름으로 추진되고 변화해 왔는지를 세부적으로 파악하고, 이를 통해 우리나라 산림정책 내에서 소나무라는 대상을 어떻게 다루고 있는지, 소나무에 대한 국가적 인식이 과거와 비교하여 어떻게 달라졌는지 비교했다.

이를 위해 제1차 치산녹화 10개년 계획이 시작된 1973년부터 현재까지 약 50년에 걸친 기간 동안의 산림기본계획 중심으로 소나무와 관련된 정책을 살펴보았다. 그 개요를 간단히 정리하면 다음과 같다.

제1차 치산녹화 10개년 계획(1973~1978)의 주요 목표는 '국토의 속성녹화 기반 구축'이었다. 소나무는 국토녹화에 있어서 산림의 자연적 회복의 역할을 했던 수종이고 인공적 녹화조림의 정책적 대상 수종은 아니었기 때문에 국가 차원의 별도의 소나무 관련 정책은 부재했다.

제2차 치산녹화 10개년 계획(1979~1987)은 '장기수 위주의 경제림 조성과 국토녹화 완성'을 목표로 하였고, 황폐지 복구(해안사방-곰솔 식재)를 위한 소나무류 이용, 병해충(솔잎혹파리, 송충(솔나방)) 방제와 예방(내병충해 품종 개발)을 위한 정책이 시행되었다.

제3차 산지자원화 계획(1988~1997)은 '녹화의 바탕 위에 산지자원화 기반 조성'을 목표로 하였으며, 산림자원의 육성 정책이 본격적으로 시작되었다. 소나무는 과거부터 보호·육성되어 왔던 우량목재생산림을 구성하고 있고 다양한 목적으로 이용되었던 역사가 있기 때문에 현대의 산림자원 육성에서도 중요한 부분을 차지하였다.

이와 관련하여 산림자원 육성을 위해 강송임지 천연하종 갱신을 확대하고 송이 주산단지 조성 및 생산을 지원하는 정책이 시행되었으며, 병해충(솔잎혹파리) 방제 정책은 지속적으로 실시되었다.

제4차 산림기본계획(1998~2002)은 '지속가능한 산림경영기반 구축'을 목표로 하였으며, 산림자원 육성을 위한 경영의 개념이 확산되었다. 산림용 소나무 종자의 채종원산 공급 체계를 확립하고, 송이 등 고소득화 전략품목 개발 및 수출전략품목을 집중 육성하였다.

병해충 문제는 지속적으로 발생하여 솔잎혹파리, 솔껍질깍지벌레, 소나무재선충 방제를 위한 정책이 확대되었고, 병해충으로부터 우량 소나무숲을 보존하기 위한 정책이 시행되었다.

제4차 산림기본계획 변경(2003~2007)은 '사람과 숲이 어우러진 풍요로운 녹색국가 구현'을 목표로 하였으며, 산림의 경영기술의 확대를 통한 기능별 관리가 강화되고 소나무에 대한 정책도 더욱더 다각화되고 확장되었다.

자원 부분에서는 지역특색사업 확대(울진 금강송림, 안면도 해송림 등 지역을 대표하는 상징 숲 육성), 천연림(소나무, 참나무류 중심) 육림기술 개발, 경영 목적에 따라 구분하여 조림육림 차별화(문화재 복원용 소나무(경기 북부, 강원 내륙권), 조림권장 수종으로 선정, 송이산 가꾸기 사업 확대가 시행되었고, 보호 부분에서는 보호수 관리 제도를 전통산림자원보호 제도로 확대, 전통산림자원 보호 복원 등 관리 강화(우량소나무숲 포함), 소나무재선충, 솔잎혹파리, 솔껍질깍지벌레 방제가 시행되었다. 즉, 2000년대 초부터는 체계적인 산림관리를 추진함과 동시에 소나무림의 다양한 육성·보호에 대한 중요성이 더욱 확산되었다고 볼 수 있다.

제5차 산림기본계획(2008~2012)은 '지속 가능한 녹색복지국가 실현'을 목표로 하였고, 소나무는 경제림육성단지를 중심으로 산림자원 육성(소나무숲 조림 확대), 지역특화 산림산업 클러스터 육성(경북 금강송)에 활용되었다.

재해 발생이 증가하면서 보호 측면의 소나무림 관리정책이 보다 확대되었는데, 산불예방 숲가꾸기 등 재해예방 산림관리가 시작되었고, 소나무 병해충(소나무재선충, 솔잎혹파리, 솔껍질깍지벌레) 방제 정책이 지속적으로 추진되었다.

제5차 산림기본계획 변경(2013~2017)은 '온 국민이 숲에서 행복을 누리는 녹색복지국가'를 목표로 하였고 소나무 관련 정책으로는 권역별 양묘장 특성화(다기능 복합양묘장(소나무 등), 금강송 종묘생산-춘양(남부)), 리기다소나무와 아까시나무림 수종 갱신, 경제림육성단지 전략수종으로 육성 등이 시행되었다.

특히, 문화재복원용 특수용도 목재생산구역 지정·관리를 통해 우량 소나무림 관리 체계를 보완하였고, 소나무재선충, 솔잎혹파리, 솔껍질깍지벌레 방제 정책은 지속적으로 추진하였다.

현재 시행 중인 제6차 산림기본계획(2018~2037)은 '일자리가 나오는 경제산림, 모두가 누리는 복지산림, 사람과 자연의 생태산림'을 목표로 하고 있는데, 재해와 관련된 보호 정책(소나무재선충, 솔잎혹파리, 솔껍질깍지벌레 방제)이 특히 강화되었다.

과거 약 50년간의 산림기본계획 기간 동안에 소나무와 관련된 정책 중 주목할 만한 특징을 요약하면 다음과 같다.

(1) 소나무는 초기 황폐지복구 수종에서 이후 경제림 육성을 위한 주요 조림 수종으로 지속적으로 활용되었다.

(2) 송이 생산 지원 사업은 본격적인 목재자원 육성이 시작되기 이전인 1980년대 후반부터 이미 시작되었고 이후 지속적으로 추진되었다.

(3) 2000년대 초부터는 소나무숲에 대한 다양한 자원육성 정책(경제림육성단지 목재육성, 금강소나무 육성, 천연림 육성·관리 등)이 신규 개발·추진되었다.

(4) 병해충 피해 관리 대상은 1970년대 말 송충, 솔잎혹파리에서 1990년대 말부터는 소나무재선충, 솔잎혹파리, 솔껍질깍지벌레로 변화하였다.

(5) 2010년대 초부터 재해예방을 목적으로 한 소나무숲 관리가 시작되었다.

(6) 우량 소나무숲 보호 정책(병해충 우선 관리, 전통산림자원 등)들은 비정기적으로 추진되었다.

이와 같이, 시대적 요구에 따른 산림정책의 목표, 소나무의 이용 가치, 위험 요인의 증가 등에 영향을 받아 소나무 육성·이용·보호 정책이 변화하는 과정을 거쳐 왔다.

산림자원 육성을 위한 소나무 조림과 숲가꾸기, 소나무 육종, 소나무숲 재해 피해 관리, 소나무숲의 문화·관광 분야 이용과 관련된 내용을 다음 장부터 조금 더 세밀하게 살펴보았다.

산림자원 육성을 위한 소나무 조림과 숲가꾸기

1970년대 치산녹화를 위한 주요 조림 수종은 장기수로는 잣나무, 낙엽송, 삼나무, 편백, 유실수로는 밤나무, 감나무, 은행나무, 호두나무, 유자나무, 속성특용수로는 이태리포푸라, 은수원사시나무, 오동나무, 오리나무, 아까시나무 등이었다.

소나무는 별도 조림 활동을 하지 않더라도 척박하고 훼손된 남한지역 산림 입지에 자연적으로 갱신되어 잘 자라는 토착수종이자 개척수종이었기 때문에 우리나라 산림의 자연적 회복에 중요한 역할을 수행했다. 이에 따라 소나무는 1980년대 초기 황폐지복구 수종으로 인식되다가 2000년대 이후부터 경제림 육성을 위한 주요 조림 수종으로 본격적으로 활용되기 시작했다.

경제림 조성을 위한 조림은 '지역별 집중 조림수종'을 고려하여 대면적·집단화를 목표로 하여 추진되었는데, 소나무는 2014년까지는 조림 확대 수종으로 지정되어 활용되었다. 그러나 병해충 피해 증가와 기후 변화로 인해 2015~2018년에는 조림 축소 수종으로 구분되었고, 2019년부터 현재까지는 일반 조림 권장 수종으로 분류되고 있다. 현재 소나무재선충병 피해로 인해 소나무 조림은 축소되고 있으며, 중북부 낙엽송과 남부지역 편백 조림은 확대되는 추세이다.

2023년 현재, 경제림 조성용 지역별 집중 조림수종으로 강원·경북은 낙엽송, 소나무, 잣나무, 참나무류, 경기와 충·남북은 낙엽송, 소나무, 참나무류, 백합나무, 전·남북과 경남은 편백, 백합나무, 참나무류, 소나무가 제안되고 있으며, 남부 해안과 제주는 편백, 황칠나무, 가시나무류, 삼나무이다(산림청 2023년도 산림자원분야 사업계획).

소나무림의 목재육성 정책 중 중요한 다른 한 축은 금강·안면소나무의 육성이다. 금강소나무와 안면소나무는 조선시대부터 오랫동안 우량 소나무 목재자원으로 이용되어 왔으며, 과거에도 소나무 목재 이용·육성과 보호를 위해 강력한 제도가 시행된 바 있다(자세한 사항은 5.1 참고).

금강·안면소나무는 광복 이후에도 지속적으로 중요 소나무림으로 이용되어 왔으며, 2000년대 이후에는 육성사업이 본격적으로 다시 실시되었다. 금강소나무 육성사업(2004~2020년)은 문화재용 특수재 및 고급대경재 생산을 목표로 시행되었고, 안면소나무 육성사업(2010~2020년)은 문화재용 고급대경재 생산 및 관광 자원화를 목표로 추진되었다. 이 사업들에서는 주로 우량소나무숲 가꾸기, 후계림 조성, 신규조림 사업 등이 추진되었으며, 현재는 지방산림청과 관리소 중심으로 금강소나무 육성 및 관리 활동이 지속적으로 이어지고 있다.〈표 5〉

제4차 산림기본계획 기간부터는 경제림 육성단지 조성, 기능별 산림관리 개념이 확립되기 시작하였고, 목재생산림 내 천연림에 대한 체계적 관리의 필요성이 제기되었으며, 특히 제4차 산림기본계획(변경) 기간(2003~2007)에는 향토수종인 소나무류와 참나무류에 대한 집중 육성사업이 명문화되었다.

환경변화와 여러 교란요인으로 인해 우량 소나무림의 소멸 위험이 있어 육성·보전대책 수립이 필요했고 참나무림의 경우 우리나라 산림에서 상당한 비중을 차지하고 있으나 형질이 불량하고 다양한 가치가

표 5. 금강 · 안면소나무 보전 · 관리 및 후계림 육성 사업 내용

구분	목표	대상지	주요 사업내용
금강 소나무 육성	문화재용 특수재 및 고급대경재 생산	강원 · 경북 금강 소나무숲	• 문화재용 특수재, 고급대경재 생산 목표 솎아베기, 천연림보육 등 숲가꾸기 실시, 우량형질로 육성 • 임지 여건에 따라 모수작업, 모두베기를 통한 적정 임분 관리 • 후계림 조성은 일조량, 토질, 경사 등을 고려하여 가급적 천연하종 및 파종조림으로 갱신하고, 식재조림을 병행 실시 • 금강소나무 생육분포도 작성 및 DB화하여 각종 산림사업 추진에 따른 이력 기록관리 및 사후관리
안면 소나무 육성	문화재용 고급대경재 생산 및 관광 자원화	충남 태안 안면읍, 고남면 일원	• 밀도조절 등 숲가꾸기 및 후계림 조성을 통해 문화재용 고급대경재를 생산하는 우량림으로 육성 • 강산성 토양은 질소질 비료와 석회 시비, 솎아베기로 토양 내 공기유통 및 수분흡수 촉진. 안면소나무 적합 토양으로 교정 • 안면소나무숲에 생육하는 리기다소나무는 벌채하여 안면소나무 후계림으로 조성, 부실 초지 등 유휴지는 복구조림 실시

출처: 산림청, 『2020년도 산림자원분야 사업계획』, 2020

개발되지 못했던 것이 향토수종인 소나무와 참나무류 천연림 육성 · 관리의 필요성이 제기된 배경이다. 이에 따라 소나무와 참나무류에 대한 천연림 보육과 천연림 개량 사업이 본격적으로 추진되었다.

소나무림 천연림보육 사업은 지위가 '중' 이상이며, 보육대상 수종의 밀도가 균일하고 우량대경재 이상을 생산할 수 있는 천연림을 대상으로 수행되었고, 천연림개량 사업은 천연림보육 작업을 실시하기에는 입지적 조건, 임목형질이 부적당한 임분을 대상으로 임분의 형질을 개선하여 특용·소경재 생산을 하는 것을 목표로 수행되었다.[58] 2013년까지 경제림육성단지 내 소나무 천연림 보육 사업이 지속적으로 추진되었으나, 사업대상지 선정 기준과 경영 목표의 불명확성의 문제 등으로 이후 점차 축소되었다.

이후, 소나무 단순림의 자원화, 생태계 천이과정에 따른 소나무림의 쇠퇴, 소나무재선충병 피해지 관리 등 소나무숲에 대한 다양한 이슈가 발생함에 따라 2018년부터 현재까지는 소나무숲의 특성(유형 및 기능)에 따른 차별화된 관리 방안을 적용하고 있다.

소나무 단순림은 현장 여건과 기능에 맞도록 경영 목표(대경재 및 중경재 생산, 갱신대상지 등)를 설정하여 관리하고, 소나무 혼효림 중 소나무 중심 임분은 소나무 위주 무육, 활엽수 우위 임분은 우수한 소나무와 활엽수종을 함께 무육, 불량 소나무숲은 갱신 또는 임분 개선사업을 수행하도록 하였다. 소나무류 반출금지구역에서는 소나무 숲가꾸기가 어렵기 때문에 숲가꾸기 산물 수집과 방제에 초점을 맞춰 관리하고 있다.

목재공급 목적의 소나무림 육성과 더불어 중요한 소나무림 정책은 바로 송이생산 육성이다. 송이는 소나무숲에서만 생산될 수 있는 고부가가치 임산물로 주민들의 생계에 매우 중요한 역할을 담당해 왔다. 1980년대 후반부터 산림부산물 주산단지 조성 및 생산 주요 항목으로

---

58 이경재·이상태·서경원·표정기, 「산림의 기능별 숲가꾸기 기술」, 국립산림과학원 연구자료 제580호, 2014.

그림 7. 송이 생산지역(2011~2020)

출처: 김은숙 외, 「환경변화 및 산림교란에 대응한 소나무림 보전 · 관리 전략 및 기술 개발 연구」, 국립산림과학원, 2024.

송이가 지정되어 생산활동 지원(단지 조성, 자금 지원, 기술 개발 보급 등)이 이루어졌으며, 2014년부터는 송이소나무 특화조림사업이 실시되었다.

송이 생산의 측면에서, 적정 조건(임령 및 입지)의 소나무숲 유지는 필수적이다. 송이는 토양질이 척박한 산 중턱 이상의 소나무숲에서 주로 발생하는데, 척박한 곳에서 소나무와 송이가 공생관계를 맺기 때문에 산 정상이나 산등성이에 주로 분포하는 유기물이 거의 없는 메마른 사양토, 사질양토를 좋아하는 것이다. 또한 송이는 20~30년생 소나무숲에서 시작하여 30~40년생에서 최대로 생산되고 50년생 이후에는 생산량이 감소하는 것으로 알려져 있다.[59]

우리나라 송이 생산량은 기록이 시작된 1960년대 이후 점차 증가하여 1985년 가장 높은 생산량(1,313톤)을 보였고, 그 이후 송이 생산량

59 富永 保人·米山穫,『マツタケ栽培の實際』, 養賢堂發行, 1978.

은 점차 감소하고 있는 추세이다.[60] 이러한 감소 추세는 젊은 소나무에서 송이가 많이 발생하는 특성에 따른 소나무숲 연령 변화의 영향, 솔잎혹파리와 소나무재선충병 등 병해충에 의한 소나무숲 피해 영향 등과 연관이 있다.

최근 10년(2011~2020) 동안 송이는 전국적으로 연평균 약 142톤이 생산되었으며, 주로 경북, 강원 지역에 생산이 집중되었다〈그림 7〉.[61] 송이 생산이 지속적으로 이루어지기 위해서는 적합한 입지에 어린 소나무숲이 지속적으로 공급되어야 하므로 산림청에서는 2014년부터 2022년까지 봉화와 영덕을 대상으로 송이소나무 특화조림사업을 통해 송이산 신규 조성을 지원하였다.

요약하면, 소나무 자원육성 관련해서 경제림육성단지 용재수종 조림과 금강·안면소나무 육성 사업이 장기적으로 추진되고 있고, 송이산업은 주산단지 지원 중심에서 2010년대 중반부터는 송이산 추가 조성·관리 사업으로 확장되었다.

소나무림 숲가꾸기는 경제림 자원육성 측면에서 2010년대 후반 산림경영과 재해피해 관리를 병행하는 숲 관리로 추진되고 있다.

---

60 가강현·장영선·유림·정연석·김희수, 「송이감염묘 연구」, 국립산림과학원 연구자료 제1042호, 2022, 111쪽.

61 김은숙 임종환 이상태 외, 「환경변화 및 산림교란에 대응한 소나무림 보전·관리 전략 및 기술 개발 연구」, 국립산림과학원 연구보고, 2024.

소나무 육종

소나무림 조림 종자 공급을 위한 채종원 조성 사업은 1968년 '수형목에 의한 채종원 조성 5개년 계획(1968~1972)'을 시작으로 현재까지 5년 주기 계획에 따라 진행되고 있다.

1차 채종원 조성 사업은 1972년까지 연간 75,000ha를 조림할 수 있는 종자를 생산하기 위해 소나무 등 7수종을 대상으로 750ha의 면적에 조성하는 목표로 수행되었다. 현재는 '채종원 조성·관리 추진계획('22~'26)'에 따라 5년 기간 동안 250ha의 채종원을 조성·갱신하여 2030년에는 종자 공급의 80%를 채종원에서 담당할 수 있도록 목표를 설정하였다.

채종원 사업의 궁극적인 목적은 유전적으로 우수하며 유전다양성이 높은 개량종자를 대량 생산하는 것이다. 따라서, 형질이 우수하여 기선정된 수형목(秀型木)에서 매년 접수를 채취해 접목묘를 육성하여 이를 이용하여 동부, 중부, 남부 등 지역별로 채종원을 조성한다.

특히, 우수한 개체 선발을 위해 채종원 조성 이후 수형목을 대상으로 차대검정을 실시하는데, 차대검정이란 형태적 특성이 우수한 기준에 따라 선발된 수형목이 외부의 좋은 환경 영향 때문에 우수한지 아니면 우수한 유전적 형질을 물려받았기 때문이었는지를 판단하기 위해 다음 세대의 형질을 이용해 부모 나무의 유전 형질을 평가하는 것을 말한다.

소나무의 차대검정은 두 가지 방법으로 이루어졌는데, 1.5세대 채종원 조성에서는 풍매 차대검정 방법으로 선발된 개체를 사용하였고 2

세대 채종원(소나무 7.0ha)을 조성하는 데에는 인공교배 차대검정 방법으로 선발된 개체를 사용하였다.

2019년 기준, 소나무를 포함한 침엽수 16종에 대한 746.5ha 면적의 채종원이 7개 지역에 조성되어 있다. 조성면적 기준으로 소나무 채종원이 146.1ha로 낙엽송 채종원 306.2ha 다음으로 두 번째로 넓은 면적을 차지하고 있다.

잣나무 채종원은 95ha, 편백 채종원 면적은 85.8ha이다. 2019년 기준 채종원에서 생산되는 종자량은 소나무가 293kg으로 잣나무(8,352kg) 편백(335kg)에 이어 세 번째 순이다.

소나무숲 재해 피해 관리

소나무숲은 오랜 기간 동안 송충, 솔잎혹파리, 소나무재선충병 등 다양한 종류의 병해충 피해를 입어 왔다. 우리나라 자생종인 송충(솔나방)의 경우, 900년전부터 발생 이력이 기록되어 왔으며, 1970년대까지 우리나라에서 산림에 피해를 가장 많이 발생시킨 산림해충이었다.

1929년 국내 유입이 처음 발견된 침입해충인 솔잎혹파리는 1992년까지 전국적으로 분포하여 피해를 주다 감소하였고, 1988년 국내 유입된 소나무재선충병은 2003년부터 피해가 증가하여 현재까지 지속적인 피해를 발생시키고 있다.〈그림 8〉[62] 이 외에 현재 솔껍질깍지벌레

62 Choi WI, Nam Y, Lee CY, Choi BK, Shin YJ, Lim J-H, Koh S-H, Park Y-S. Changes in Major Insect Pests of Pine Forests in Korea Over the Last 50 Years. Forests. 10(8), 2019, p. 692.

그림 8. 소나무 대상 병해충 발생 변천

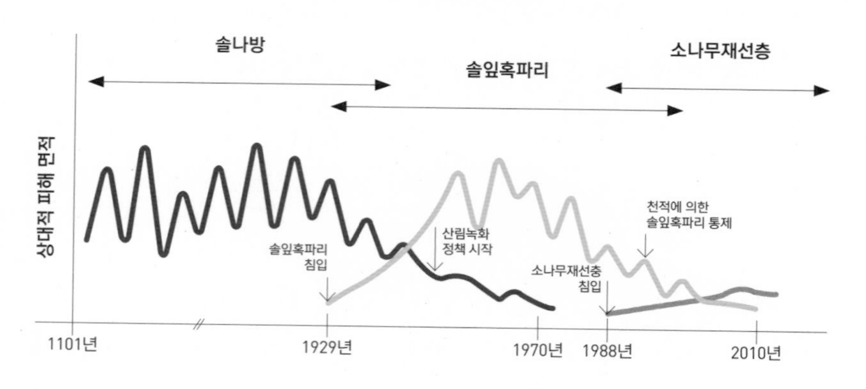

출처: Choi et al., 2019. p. 692.

도 일부 지역에서 피해를 주고 있다.

병해충 발생 추이 변화에 따라 산림보호를 위한 병해충 방제 정책도 1980년대 송충(솔나방), 솔잎혹파리에서 1990년대 후반 소나무재선충, 솔잎혹파리, 솔껍질깍지벌레로 대상이 변경되었다.

1차 산림기본계획(1973~1978) 기간에는 별도의 산림보호 정책이 수립되지 않았다가 2차 기간(1979~1987)부터 본격적인 보호 정책이 시행되었다. 이 기간에 병해충 방제는 주로 천적방제가 중점적으로 시행되었고, 수종갱신, 약제방제, 인력구제 방법이 병행되었다.

3차 기간(1988~1997)에는 산림병해충 관리 체계를 확립하고 약제방제, 천적방제, 임업적 방제(임분밀도 조절 및 내병충성 증진)를 시행했다.

4차 기간(1998~2002)에는 솔잎혹파리 피해가 점점 잦아들면서 소나무숲의 완전회복을 목표로 예찰조사기능 강화, 새로운 방제방법 개발, 우량 소나무숲 보존대책 수립이 시행되었다. 그러나 2003년 새롭게 소나무재선충병 발생 문제가 확대되면서 4차 변경기간(2003~2007)에는 소나무재선충병 박멸을 위한 5개년 계획이 수립되었으며, 이와 함께 솔잎혹파리와 솔껍질깍지벌레 피해지역 방제도 병행하였다.

5차 기간(2008~2012)에는 소나무재선충병 피해가 더욱 확산되어 선단지 예찰, 소나무 이동제한, 항공·지상예찰, 나무주사 피해목 처리 등 전 행정력을 동원한 집중 관리가 시행되었다. 그리고 현재까지 소나무재선충병 예찰과 확산 방지를 위한 다양한 정책들이 시행되고 있다.

산불 관리는 과거 조선시대부터 주요한 관리 대상이었다. 조선시대에는 소나무 보호지역의 산불피해 방지를 위한 법률 제정과 단속이 강력이 이루어졌고, 소나무 벌목 금지로 숲의 밀도가 높아지자 궁궐, 성곽 등 중요 시설에 대한 산불위험을 낮추기 위해 소나무숲 밀도 관리가 시행되기도 했다.[63]

1970년대 이후 대한민국의 산불관리는 전국의 산림자원 보호를 위한 산불예방과 조기진화 체계 구축에 목표에 두고 있다. 1차 기본계획 기간에는 입산통제정책이 시작되고 방화선의 개설이 활발히 진행되었다. 2차 기본계획 기간에는 기상변화에 따른 산불경보제가 시작되고 입산통제구역과 산화경방기간 설정이 법적으로 제도화되었다. 제3차 기본계획 기간 이후부터는 1996년 고성 산불을 비롯하여

---

63 강영호·김동현, 「조선시대의 산불대책」, 국립산림과학원 연구신서 제62호. 2012, 147쪽.

그림 9. 우리나라 주요 대형산불 현황

구분	발생연도	피해면적	피해액	최대풍속
① 동해안 산불	2000	23,794ha	360억원	23.7m/s
② 청양 · 예산 산불	2002	3,095ha	60억원	15.1m/s
③ 양양 산불	2005	973ha	276억원	32.0m/s
④ 강릉 · 삼척 산불	2017	1,017ha	608억원	23.0m/s
⑤ 고성 산불	2018	357ha	22억원	10.0m/s
⑥ 삼척 산불	2018	161ha	7억원	10.8m/s
⑦ 고성 · 강릉 산불	2020	2,872ha	1,291억원	36.6m/s
⑧ 울주 산불	2020	519ha	28억원	19.1m/s
⑨ 안동 산불	2020	1,944ha	106억원	18.8m/s
⑩ 울진 · 삼척 산불	2022	20,923ha	8,811억원	28.3m/s

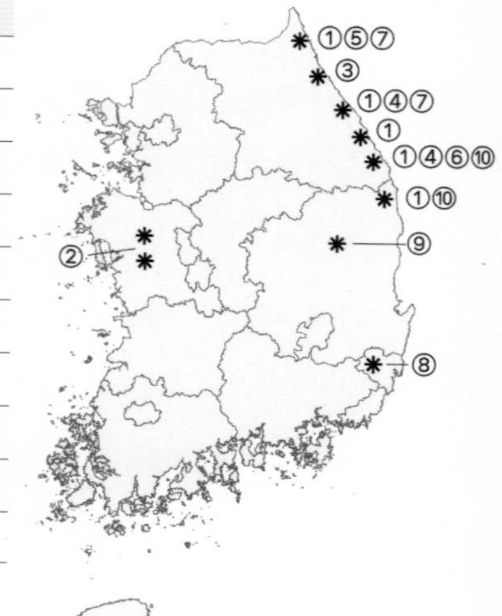

출처: 이창배 외, 『산불관리의 과학적 근거』(지을, 2023)

대형산불이 지속적으로 발생하기 시작하면서 산불관련 조직 확대와 산불예방과 진화 체계 구축을 위한 강력한 정책적 지원이 이루어지기 시작했다. 또한 2000년대 이후 대형산불이 지속적으로 발생하고, 특히 소나무숲[64]이 많은 영동지역에 봄철 건조한 바람을 일으키는 양간지풍이 맞물려 대형산불이 발생하면서 산불관리 측면에서 소나무숲 관리에 대한 관심이 커지기 시작했다〈그림9〉.

64 소나무는 다른 활엽수보다 휘발성 정유 성분(테르펜)을 많이 보유하고 있어 불에 취약한 특징이 있기 때문에, 소나무림 지역에 산불 발생 외부 조건(지형, 기상, 발화요인)이 맞물렸을 경우 산림과 주변지역의 산불 피해가 커질 수 있다.

역대 가장 큰 규모의 산불은 2000년 동해안 산불과 2022년 울진·삼척 산불이었으며, 울진·삼척 산불의 경우 우리나라 역사상 가장 오래 지속된 산불로 기록되었다. 또한 2023년 4월 강릉 산불은 거주지와 관광지 주변에서 발생하여 인명, 물적 피해를 크게 발생시켰다.

병해충과 산불 이외에, 고온·가뭄 등 건조와 관련된 이상기상에 따른 소나무숲 피해가 2000년대부터 보고되기 시작했다.

2009년 겨울과 봄철 고온·가뭄으로 거제, 밀양, 사천 등 남부지방을 중심으로 총 71개 시군구 임야 8,416ha에서 약 100만 그루의 소나무 고사피해가 발생했다.[65] 2014년 울진 소광리 금강소나무 보호지역 내에 군상 형태의 소나무 고사 현상이 나타났고 이후 울진·봉화 일대에 유사한 고사 현상들이 지속적으로 관찰되고 있다. 2017년에는 경북 봉화, 전남 화순 등에서 봄철 우박과 고온·가뭄으로 인한 소나무숲 대면적 고사 피해도 있었다.

이러한 이상기상 이벤트는 병해충이나 산불보다 인간의 힘으로 조절하기가 어려운 외부 교란이기 때문에 정책 개발 및 대책 수립이 어려운 실정이다. 다만, 이러한 외부 교란이 왔을 때 피해를 줄이기 위한 방안, 즉 외부교란에 대한 저항성을 높이는 숲 관리 방안이 모색되고 있는 중이다.

재해 대응 차원의 소나무숲의 사전예방적 관리 개념은 2010년부터 도입되기 시작했다. 2009년 남부지방에서 겨울·봄철 고온가뭄에 따른

65 김은숙·임종환·이보라·장근창·양희문·윤석희·이기웅·강희원·이주현, 「이상기상 및 기후변화에 따른 산림피해 현황」, 국립산림과학원 연구자료 제869호, 2020, 153쪽.

대규모 산림피해가 발생하면서 밀생한 소나무 단순림 관리에 대한 필요성이 증대되었다.

밀생한 소나무 단순림의 경우 개체목간 생육 경쟁이 치열해 기후변화 등 외부교란에 대한 저항성이 낮고 병해충 발생 시 급속하게 피해가 확산될 가능성이 높기 때문에, 2010년에는 수분 경쟁 해소와 병해충 예방 등을 위한 목적으로 소나무숲 밀도를 저감하기 위한 소나무숲 재해저감사업(2010년)이 실시되었다. 이후 소나무 단순림 재해(산불, 병해충)예방 숲가꾸기로 이어져 2014년까지 사업이 시행되었다.

대형산불이 사회적 문제로 부각되면서 2021년부터는 산불취약성 및 피해위험을 고려한 산불예방 숲가꾸기 사업이 시작되어 현재까지 지속되고 있다. 산불예방 숲가꾸기 사업은 산불 위험이 높고 인명 및 재산 피해가 우려되는 지역 중 밀도가 높은 소나무류 침엽수림 또는 소나무류가 산재해 있는 혼효림을 대상으로 산불에 강한 혼효림 또는 활엽수림 형태로 유도하는 사업이다.

소나무숲의 문화 · 관광 분야 이용

병해충, 산불 등 여러 가지 위협 요인에도 불구하고 소나무숲은 과거부터 지금까지 소나무 우량목재, 중소형 생활 목재, 송이 같은 고부가가치 임산물, 역사·문화적 소재와 공간, 휴양·관광(경관)·교육적 공간 등 다양한 가치를 제공하고 있으며 시대적 요구에 따라 이용의 정도는 변화하고 있다.

문화·관광자원의 측면에서는, 국민들의 숲에 대한 휴양 이용가치

표 6. 산림문화자산 중 소나무숲 관련 대상지

지정번호	명칭
2014-0002	화천 동촌 황장금표
2014-0003	영월 법흥 황장금표
2014-0004	평창 평안 봉산동계표석
2014-0009	인제 한계 황장금표 및 황장목림
2015-0004	울진 소광 황장봉산 동계표석
2019-0002	하동 악양 십일천송
2019-0005	안면도 소나무숲
2019-0019	서천 송림마을 솔바람숲
2021-0001	서울 남산 소나무숲
2021-0003	울진 소광리 대왕소나무
2022-0003	충주 미륵리 봉산표석
2022-0006	보은 금굴리 소나무 마을숲

출처: 산림청, 『국가산림문화자산 87선 안내서』, 2023.

요구가 급증하면서 역사·문화적 연계성이 높고 성숙 임분이 많은 소나무숲의 이용 가치가 지속적으로 증대되고 있다.

소나무는 여느 타 수종과는 비교할 수 없을 정도로 다방면의 가치를 만들어 내고 있는데, 이는 가장 오랜 기간 동안 한반도 산림의 주요 수종의 역할을 해오는 과정에서 사람들의 생활과 밀접하게 연결되어 온 역사적 배경과 관련 있다. 이 때문에 천연기념물(36그루 4임분), 시도기념물(22그루 5임분), 보호수(1,765그루), 왕릉숲, 마을숲, 유적지, 휴양·교육 공간 등 중요 소나무와 소나무숲들이 전국 곳곳에 분포되어 있다.

천연기념물, 시도기념물, 보호수는 법적 보호대상으로 지정되어 있는 항목이다(자세한 사항은 4.4에서 다룸). 이러한 역사·문화적 가치는 시간이 지나면 지날수록 점점 더 희소성과 중요성이 증대되고 있다.

표 7. 산림청 100대 명품숲 중 소나무숲

구분	명칭	지역
산림경영형	대관령 소나무숲	강원 강릉시
	오청산 소나무숲	충북 충주시
	검마산 금강송숲	경북 영양군
	응봉산 황금부자숲	경남 의령군
산림휴양형	우이동 솔밭공원 소나무숲	서울 강북구
	광교산 솔향기숲	경기 수원시
	금강소나무숲	강원 고성군
	해안 송림	강원 강릉시
	DMZ 펀치볼숲	강원 양구군
	양지말 솔내음숲	강원 양구군
	하회마을 만송정숲	경북 안동시
산림보전형	남한산성 소나무숲	경기 광주시
	영경묘 · 준경묘 소나무숲	강원 삼척시
	법흥사 소나무숲	강월 영월군
	승언리 소나무숲	충남 태안군
	명천마을 소나무숲	전북 무주군
	울진 금강송숲	경북 울진군
	삼봉산 금강소나무숲	경남 함양군

출처: 산림청 홈페이지(www.forest.go.kr)

최근 2014년부터 산림청에서 지정하고 있는 산림문화자산[66]에 소

66 국가산림문화자산은 산림 관련한 생태적, 경관적, 학술적으로 보전가치가 높은 유·무형의 자산을 대상으로 '산림문화·휴양에 관한 법률'에 따라 산림청이 지정한다.

나무숲과 소나무숲 관련 유적이 다수 포함되어 있으며〈표 6〉,[67] 2021년에는 대관령숲길, 울진금강소나무숲길이 국가숲길로 지정되어 정책적으로 관광자원으로 관리되고 있다.

산림청은 2023년 산림경영, 휴양, 보전 가치가 높은 100대 명품숲을 선정하여 집중적 관리·육성 계획을 발표하였고, 산림경영, 산림휴양, 산림보전 특성을 보유한 여러 소나무숲이 포함되어 있다.〈표 7〉

소나무 관리 정책과 사회적 인식 변화

1970년대 이후 현재까지 우리나라 산림정책은 ①국토녹화, ②산림자원화, ③다양한 산림생태계서비스의 지속가능한 이용의 단계로 변천되어 왔다. 그 과정에서 소나무에 대한 국민적 인식도 변화해 왔다.

소나무는 한반도 천연림의 대표 수종으로서 과거 황폐한 산지의 자연적인 생태계 회복에 핵심적인 역할을 수행했다. 이후에는 산림자원 육성을 위한 주요 조림 육성 수종으로 이용되었으며, 현재는 목재와 임산물 생산, 관광 자원 등 다방면의 생태계서비스 제공에 관련되어 있는 우리나라 핵심 수종으로 다루어지고 있다.

소나무에 부여된 사회적 가치는 점차 변화하고 있지만 우리나라 산림에서 소나무의 중요성과 위상은 지속적으로 유지되고 있다.

산림정책의 흐름에서 본 과거와 현재를 관통하는 소나무에 대한 사회적 인식 특성은 세 가지로 요약해 볼 수 있다.

---

67 산림청, 『국가산림문화자산 87선 안내서』, 산림청, 2023, 391쪽.

첫째, 소나무는 자연적으로 우리 산림과 자연환경을 구성해 온 주요 핵심요소이다.

소나무는 황폐한 산지의 자연적 회복에 적극적으로 기여한 유익한 나무이자 우리 주변에서 가장 흔하게 많이 볼 수 있는 친근한 나무로 인식되었다. 2022년 국립산림과학원에서 수행한 소나무림 인식조사에서 소나무를 선호하는 국민의 약 절반 이상이 소나무의 환경적·경관적 가치를 가장 높게 평가한 것이 이와 관련이 있다.

우리나라 국민들에게 "소나무림"은 우리 주변의 "산림"과 유사한 개념으로 받아들여져 왔다고 보는 것도 무리는 아니다.

둘째, 소나무림은 경제적 가치를 창출하는 중요 국가 자원이자 공간으로 인식, 활용되고 있다.

과거 조선시대에 소나무숲의 목재와 부산물이 국가 안보와 실생활 이용 측면에서 핵심적인 국가 기반 자원으로 이용되었다. 현재는 금강소나무숲, 송이산, 휴양림 등 특정 지역에서의 고부가가치 산림자원 및 관광자원으로서의 경제적 가치가 더욱 중요시되고 있다. 경제림육성단지 또는 목재생산림에 속하는 소나무 천연림의 목재자원으로서의 가치를 높이기 위한 노력도 지속적으로 함께 추진되고 있다.

경제적 가치를 창출의 세부 내용은 시대에 따라 변화가 있지만 소나무 자원 활용의 사회적 요구는 지속되고 있다.

셋째, 소나무림은 역사·문화와의 연계성이 높다.

과거 조선시대에는 소나무의 특징이 유교적 규범과 동일시되어 사회·문화적 기능을 하였다. 과거 소나무와 관련된 공간과 문화적 활동들은 현재 각종 문화재 등의 역사·전통·문화적 자산이 되었다. 소나무에 대한 유교적 관점은 사라지고 있지만, 과거 역경을 극복해 온 우리나라 국민성이 소나무의 특성과 겹쳐지면서 소나무에 대한 문화적 선호도가 높아 현대사회에서도 지속적으로 인문·예술적 소재, 휴양·문화와 교육 등에 중요한 공간으로 활용되고 있다.

소나무의 자연적, 경제적, 문화적 가치에 대한 사회적 인식은 오랜 시간 동안 유지되어 왔으나, 최근 소나무와 관련된 병해충, 산불 등 재해 피해 위험이 증대되고 생태계 변화 과정에 따라 산림 내 소나무 비중이 차츰 줄어들고 있어 사회적 인식 변화 가능성이 높다. 산림재해 예방·관리 정책과 소나무림 관리의 연계성이 높아지고 있고 목재자원으로서의 소나무 수종의 비중이 감소하고 있는 한편, 휴양·문화적 요소로서의 성숙한 소나무림에 대한 사회적 수요는 더욱 증대되는 상황이다.

소나무에 대한 사회적 인식(자연환경의 핵심 구성요소, 경제적 자원, 문화적 자산)은 사회와 자연환경 변화에 따라 지속적으로 영향을 받을 수 있으며, 소나무림 보호·육성·이용 관련 산림정책은 인식 변화에 따른 사회적 요구를 실현하는 수단이 될 것이다.

[김은숙, 안지영]

보론

북한이 바라는 '소나무의 나라'[68]

소나무는 우리나라만이 아니라 북한에서도 사랑받는 나무다. 북한은 2015년 나라를 상징하는 나무인 '국수'(國樹)로 소나무를 지정했으며 북한 인민이 사랑하는 나무로 소나무를 꼽는다. 그야말로 소나무는 남북 모두가 사랑하는 나무인 셈이다.

이 장은 북한의 소나무 호명과 인식 변화를 살펴보고, 소나무를 국수로 정한 배경과 이유, 영향과 효과 등을 다루고자 한다. 1945년 광복과 동시에 분단된 남북한이 현재 소나무를 어떻게 인식하는지를 비교하기 위해서다.

68 보론은 '오삼언 · 배재수, 「북한의 소나무 '국수' 지정과 함의」, 『현대북한연구』 제26권 제3호, 2023, 90~126쪽'을 수정, 보완하여 작성하였다.

그림 10. 북한의 금강산 창터소나무숲

출처: 〈로동신문〉 2023년 2월 26일.

북한의 소나무 현황

북한이 소나무를 국수로 지정한 배경의 하나는 북한에서 차지하는 소나무숲의 규모이다. 2018년 북한의 자료에는 "우리나라 산림자원 가운데서도 가장 많은 비율을 차지하며 그 분포 범위도 넓다"[69]며 함경남도(20.6%), 평안북도(14.8%)가 소나무 면적이 많은 지역으로 소개되어 있다. 뒤를 이어 함경북도(13.1%), 평안남도(12.9%), 강원도(9.6%), 자강도(9.5%), 양강도(8.7%), 황해남도(7.9%), 황해북도(7.5%), 평양시(2.5%) 순이다.

이보다 앞선 1994년 자료에서는 산림 면적 대비 소나무숲 비율이 18.9%로 참나무숲 21.3%과 함께 많이 분포돼 있다고 밝힌 바 있다.[70]

69 공명성 외, 『조선의 국수-소나무』, (평양 : 사회과학출판사, 2018), 127쪽.

70 임록재 외, 『산림총서(1)』, (평양 : 공업종합출판사, 1994), 178쪽.

표 8. 북한의 도별 소나무숲 분포 비교 : 2000년(왼쪽 음영)과 2018년(오른쪽 음영 없음) 자료

구분	산림면적(%)
평양시	2.4
평안남도	12.9
평안북도	14.8
자강도	9.5
황해남도	7.9
황해북도	7.5
강원도	9.6
함경남도	20.6
함경북도	13.1
양강도	0.7
개성시	1

구분	산림면적(%)
평양시	2.4
평안남도	12.9
평안북도	14.8
자강도	9.5
황해남도	7.9
황해북도	7.5
강원도	9.6
함경남도	20.6
함경북도	13.1
양강도	8.7
개성시	해당 없음

출처: 북한 자료를 바탕으로 저자 작성

해발 2110m의 백두산 소연지봉에 위치한 소나무는 한반도에서 제일 높은 곳에 있는 소나무인 셈인데 높이 1.8m의 소나무가 우산 모양의 갓을 만들고 있다고 한다.

북한은 소나무가 "나라의 북부 높은 산지대를 제외한 해발높이 800m 아래의 넓은 지역에서 자란다"면서 "일부 중국 동북지방, 로씨야 원동지방, 일본에도 퍼져있으나 우리나라가 기본 분포중심지"라고

표 9. 북한의 도내 산림면적에서 소나무숲 비율 비교 : 2000년(왼쪽 음영)과 2018년(오른쪽 음영없음) 자료

구분	소나무숲의 비율(%)	구분	소나무숲의 비율(%)
평양시	46.0	평양시	64.2
평안남도	60.2	평안남도	24.5
평안북도	20.9	평안북도	20.9
자강도	11.0	자강도	10.7
황해남도	33.7	황해남도	36.7
황해북도	33.7	황해북도	32.7
강원도	18.5	강원도	18.5
함경남도	31.7	함경남도	31.7
함경북도	10.7	함경북도	15.7
양강도	1.1	양강도	해당 없음
개성시	23..2	개성시	해당 없음

출처: 북한 자료를 바탕으로 저자 작성

밝히고 있다.[71]

2000년과 2018년의 북한 자료에서 밝힌 도 안의 산림면적에서 차지하는 소나무숲 비율을 비교하면 〈표9〉와 같다.[72]

한편 북한의 천연기념물 현황을 정확히 확인할 수는 없지만 2000

71 손기성 외,『산림총서(6)』, (평양: 공업종합출판사, 2000), 34~35쪽.

72 2000년과 2018년 북한의 자료에서는 조사 시기를 별도로 명기하고 있지 않아서 저서의 출판 연도로 밝힌다. 손기성 외, 『산림총서(6)』, (평양: 공업종합출판사, 2000), 34~35쪽, 공명성 외, 『조선의 국수-소나무』, (평양:사회과학출판사, 2018), 127쪽.

년에 펴낸 『산림총서』 8권 중 「천연기념식물」 편에 제시된 수는 모두 205종이며 이 중 소나무과는 모두 32종이 소개되어 있다.[73] 함경북도 명천군 포중소나무, 평안남도 맹산군 맹산검은소나무림 등이다.

북한의 소나무 노래 「너를 보며 생각하네」

"무성한 잎새우에 흰눈을 떠이고서/ 푸르러 설레이는 한그루 소나무여/ 세상이 변한대도 제모습 잃지 않을/ 아 내 조국의 장한 모습/ 너를 보며 생각하네." 1990년대에 창작된 북한 노래, 「너를 보며 생각하네」(정성환 작사, 김해성 작곡)의 1절 가사다.

낯선 맞춤법을 제외하고 가사의 내용만 보면 우리나라 노래라고 해도 어색하지 않을 정도다. 사시사철 푸른 소나무를 두고 변치 않을 마음을 빗대어 표현하며 이를 애국심으로 비유하는 것은 남북이 그리 다르지 않다.

---

73 최기주 외, 『산림총서(8)』, (평양: 공업종합출판사, 2000), 96~165쪽 참조.
김정일 국방위원장이 심은 나무 4종, 은행나무과 18종, 주목과 1종, 전나무과 9종, 소나무과 32종(두잎소나무류 26종, 세잎소나무류 6종), 삼나무과 4종, 노가지나무과 7종, 버드나무과 7종, 가래나무과 2종, 참나무과 12종, 칠엽수과 1종, 두충나무과 1종, 자작나무과 1종, 느릅나무과 25종, 뽕나무과 1종, 여뀌과 2종, 목란과 7종, 오미자나무과 1종, 수련과 4종, 녹나무과 1종, 범의귀과 1종, 조팝나무과 2종, 사과나무과 7종, 장미과 1종, 벚나무과 1종, 차풀과 1종, 콩과 9종, 구슬꽃잎나무과 1종, 산초과 1종, 참중나무과 1종, 옻나무과 1종, 고양나무과 1종, 단풍나무과 1종, 갈매나무과 4종, 벽오동나무과 1종, 피나무과 3종, 동백나무과 1종, 제비꽃과 1종, 층층나무과 1종, 오갈피나무과 2종, 진달래나무과 1종, 들쭉나무과 1종, 감나무과 2종, 물푸레나무과 6종, 꿀풀과 1종, 현삼과 1종, 능소화과 3종, 도라지과 1종, 벼과 4종, 붓꽃과 1종, 기타천연기념식물 5종 등 총 51개 분류이며 49과, 208종이다.

그림 11. 북한의 천연기념물 소나무(함경북도 명천군 포하리 '포중소나무')

출처: 〈로동신문〉 2024년 3월 24일.

우리나라 「애국가」 2절이 대표적인 예다. "남산 위에 저 소나무 철갑을 두른 듯/ 바람 서리 불변함은 우리 기상일세/ 무궁화 삼천리 화려강산/ 대한사람 대한으로 길이 보전하세." 충절과 지조의 의미를 담아내는 애국가의 소나무는 북한 노래에 등장하는 소나무의 상징과 비슷한 면이 있다.

2019년 9월 북한의 〈조선중앙통신〉(이하 〈통신〉)은 1990년대에 창작된 「너를 보며 생각하네」를 "조선 인민이 사랑하는 노래"라며 소개했는데, 1990년대 노래의 소환인 셈이다.

통신은 1994년 2월에 김정일 국방위원장이 이 노래를 두고 "사회주의 조국의 굳센 기상과 모습을 소나무에 비유하여 잘 형상하였다"라고 평가한 적이 있으며, '조선인민의 신념의 노래'라고 강조했다. 이 노래는 마지막 구절인 "아 내 조국의 장한 모습, 너를 보며 생각하네"가 후렴구이며 3절로 구성돼 있다.

소나무와 조국을 등치시키는 후렴구인 '너를 보며 생각하네'라는 대목이 반복되는 서정적인 노래다. 이 노래가 김정은 시대 접어들어 다시 재조명된 이유는 무엇일까. 2015년 소나무가 국수(國樹)로 지정되었기 때문에 이후 소나무는 다방면에서 재조명되고 있으며, 1990년대 이 노래의 소환도 이와 같은 배경에 놓여 있다.[74]

북한은 소나무를 국수로 지정하면서 이전 김일성·김정일 시대에서도 소나무를 국수에 버금가는 귀중한 나무로 인식했다는 것을 강조하는 작업도 진행하고 있다. 김일성·김정일·김정은의 소나무 관련 교시를 비슷한 맥락이면서도 차별화한 내용으로 정리하는 것이 대표적이다.

김일성 주석은 소나무에 대해 "예로부터 사시장철 푸른 소나무는 변심을 모르는 절개와 의리의 상징으로 우리 인민의 사랑을 받아왔다."라고 말했으며 김정일 국방위원장은 "조선민족은 소나무 아래서

---

74 북한의 국가 상징 중 국호(國號), 국장(國章), 국기(國旗), 국가(國歌)는 북한 정부 수립 당시 제정됐다. 국화(國花) 목란은 김일성 시대인 1991년에 지정됐다. 국조(國鳥)는 2008년 참매로 지정됐다가 2023년 2월 까치로 변경됐다. 국수 소나무는 2015년 4월에 지정됐으며, 국주(國酒) 평양소주는 6월, 국견(國犬) 풍산개는 11월에 지정됐다. 국수를 지정한 나라는 북한을 포함해 대략 55여 개국, 비공식적으로 나라를 상징하는 나무를 가진 나라는 30여 개국으로 파악된다.

그림 12. 2022년 9월 북한이 발행한 국가 상징물 우표 4종

국견 풍산개

국조 참매

국화 목란

국수 소나무

출처: 조선우표사

자라난 민족이기 때문에 순진하고 소박하면서도 언제나 푸르싱싱한 자기 본색을 잃지 않고 있다."라고 말했다고 한다.

이와 다르게 김정은 위원장은 "사시장철 푸름을 잃지 않고 그 어떤 풍파에도 끄떡없이 억세게 자라는 소나무에는 우리 민족의 기상, 우리 국가의 강인성이 그대로 비껴있다."라고 교시했다.[75]

북한에서는 소나무를 비롯한 국가상징물의 선전을 2018년 하반기부터 본격적으로 시작했다. 2018년 11월 국수인 소나무를 시작으로 국견 풍산개, 국조 참매, 국화 목란 등을 〈로동신문〉에 차례로 게재하면서 '민족의 긍지와 자부심, 애국심'을 위한 교양사업으로 국가 상징들을 강조하기 시작했다. 그리고 2019년 신년사에서 김정은 위원장이 인민들에게 '우리국가 제일주의'를 신념으로 간직할 것을 주문하자 국

75 「너를 보며 생각하네」, 〈우리민족끼리〉, 2020년 9월 7일.

가 상징의 강조는 더욱 두드러졌다.

북한은 왜 국가를 상징하는 나무를 정하고 이를 소나무로 선택했을까. 국수 소나무를 통해 김정은 위원장 집권 시기, 북한이 강조하고자 하는 것은 무엇일까.

김일성 일가의 상징, '남산의 푸른 소나무'가 된 소나무

북한에서 소나무는 '남산의 푸른 소나무'라는 관습적인 어구를 떠올릴 만큼 김일성 주석의 아버지, 김형직을 가리키는 용어로 사용되어 왔다. 「남산의 푸른 소나무」는 김형직이 1918년 일제강점기에 조국을 떠나 만주로 가면서 지은 노래로 1절은 "남산의 저 푸른 소나무가/ 눈서리에 파묻혀서/ 천신만고 괴롬받다가/ 양춘을 다시 만나 소생할줄을/ 동무야 알겠느냐"라는 내용으로 돼 있다.

이전까지 북한은 이 노래에 김형직의 반일애국사상이 담겨있다고 평가하면서 '투철한 민족자주사상과 백절불굴의 혁명정신, 대를 이어 싸워야한다는 계속혁명의 사상' 등이 녹아있다고 강조했다. 즉, 북한에서 '남산의 푸른 소나무'는 단순한 노래가 아니라, 항일혁명운동의 시원을 김일성, 나아가 김형직에게서 찾을 수 있는 상징이자, 관용어다.

북한은 이 노래가 만들어진 지 100주년이 된 2018년에 사회과학부문 연구토론회를 열고 이 노래에 담긴 사상과 정신의 본질 등에 관한 논문들을 발표했다. 2017년에는 김형직이 결성했다는 항일단체, 조선국민회 100돌을 기념하며 이 노래의 가사와 악보가 반영된 우표를 발행하기도 했다.

황해북도 사리원시 경암산 바위에는 노래 가사를 새기고 '혁명사적 표식비'를 세우기도 했다. 이처럼 북한에서 '소나무'는 소나무 자체가 아니라, 김형직이 만들었다는 노래 '남산의 푸른 소나무'라는 상징으로, '혁명의 시원'으로 호명되었으며, 나아가 김형직의 '지원(志遠)' 사상을 가리키는 대명사이기도 했다.

북한은 지원 사상에 대해 원대한 뜻을 품고 시련이 오더라도 대를 이어 혁명을 계속해야 한다는 사상이라고 설명하고 있다. 즉, 이제까지 북한에서 소나무는 '남산의 푸른 소나무'로서 항일혁명운동의 시원을 '만경대혁명일가'로 떠올리게 하는 상징으로 자리매김해 왔다. 그런데 소나무가 국수로 지정되면서 이 같은 양상에 변화의 조짐이 일어난 것이다. 소나무를 국수로 지정한 이유와 의미를 강조할수록 '김형직의 소나무'가 아니라 소나무에 담긴 민족의 역사와 의미, 가치 등이 집중적으로 조명되기 때문이다.

2018년 북한의 사회과학출판사가 펴낸 『조선의 국수-소나무』라는 단행본에서 이러한 변화를 확인할 수 있다. 215쪽 분량의 이 도서는 '민족사에서 본 소나무'와 '소나무를 람벌하고 그 전통문화마저 말살하려고 한 일제의 만행' 등의 목차에서 관련 내용을 다루고 있지만, 김형직과 연관된 '남산의 푸른 소나무'는 전혀 언급하지 않고 있다. 오히려 일제강점기 때 애국의 마음을 소나무에 반영하는 다양한 문학작품들이 창작됐다면서 의병장들의 한문시 등 각종 작품을 비중 있게 소개하고 있다.

항일혁명의지, 반일애국사상을 표현하는 각종 시조와 한문시 작품에서 등장하는 소나무는 더 이상 '남산의 푸른 소나무'를 상징하지 않는다.

이와 같은 양상은 '남산의 푸른 소나무'였던 소나무가 '민족이 사랑한 소나무'로 의미가 변하는 과정이라고 볼 수 있다. '만경대혁명일가 상징'과 '민족성 상징', 이 두 가지 의미를 혼재해서 사용하기보다 '민족성 상징'으로 의미가 변환, 재설정하는 과정에 가깝다.

물론 김일성·김정일 시대에도 소나무의 민족적 상징이 거론됐지만, 당시에는 김형직의 항일혁명운동 등 만경대혁명일가의 의미를 더욱 강화하기 위한 매개로 강조했다. 그러나 김정은 시대에 접어들어 국수가 된 소나무는 민족성의 상징으로 대중에게 전파되고 있다. 이는 김일성·김정일 시대의 소나무는 '남산의 푸른 소나무'로 통칭되었다면 김정은 시대의 소나무는 '민족'을 호명하는 것으로 변화했다는 것을 알 수 있다.

민족성의 부각, '민족이 사랑한 소나무'의 강조

북한이 소나무를 국수로 지정한 이후 '조선민주주의인민공화국'이라는 국가가 아니라, 역설적이게도 민족성이 부각된다는 점을 알 수 있다.

북한이 소나무를 국수로 지정한 이유는 크게 두 가지로 압축할 수 있다. 첫째는 소나무가 예로부터 민족의 억센 기상과 강인한 의지 등을 상징해왔다는 점이다. 둘째는 한반도 대부분 지역에 소나무가 자라면서 민족의 삶과 밀접한 관계를 맺어왔다는 점이다. 즉, 상징성과 친근성(밀접성)이다.

그림 13. 북한의 『조선의 국수』 단행본 표지

출처: 통일부 북한자료센터

첫째, 소나무를 민족의 역사와 결부 지으면 민족성이 강화된다. 사시사철 푸르고 생활력이 강한 소나무가 강인한 민족의 기상을 상징한다는 맥락이다. 〈로동신문〉은 "왜 우리 민족은 소나무를 그렇듯 좋아하고 사랑하였겠는가."라고 물으며 "바로 우리 민족의 억센 기상, 넋과 의지, 숨결이 소나무의 생물학적 특성에 그대로 비껴있었기 때문"이라고 밝히고 있다.

즉, "사나운 눈바람, 찬서리 속에서도 언제나 푸른 한본새를 변치 않고 끝끝내 봄을 맞는 소나무를 오랜 력사적 기간의 반침략투쟁 시기마다 굴하지 않고 일어나 싸워온 우리 민족의 기개의 반영으로, 백절불굴의 상징"으로 여겨왔다는 설명이다.[76]

〈민주조선〉은 소나무가 "순박하면서도 강인한 우리 민족의 성격을

76 〈로동신문〉, 2020년 2월 2일

그대로 담고 있다"라고 표현한다.[77] 소나무에 민족의 역사와 성격 등을 투영하는 이 같은 설명은 "인민들이 소나무의 모습에 장중하면서도 억세고, 고결하면서도 변하지 않고, 굳세면서도 열정적이라는 뜻과 정서를 담는" 이유가 된다.[78]

둘째, 소나무와 연관된 민족의 생활양식 등 역사적 사례를 소개할수록 우리 민족만의 고유한 민족성이 부각된다. 〈로동신문〉은 "거의 모든 지역에 소나무가 자라면서 자연풍경의 전형처럼 인식돼 왔다"면서 "선조들이 자연풍경을 그려도 소나무를 그리는 것을 즐겨 했으며 소나무 숲은 산수풍경의 기본 묘사대상이었다"라고 짚었다. 또한 소나무 조림을 장려한 역사적 시기를 고구려 때부터라고 밝힌 보도에서는 '소나무에 대한 우리 민족의 남다른 사랑을 집중적으로 느낄 수 있는 고장'으로 고려시대 송도로 불린 개성시를 소개하기도 했다.

〈민주조선〉은 2019년 3월 김일성종합대 교수의 인터뷰 형식을 통해 역사서인 『삼국사기』와 『고려사』 등을 언급하고, 역사적으로 소나무를 이용해 온 각종 사례를 설명하며 '소나무와 우리 민족의 깊은 인연'을 소개하기도 했다.

본래 소나무는 '민족수(民族樹)'라고 일컬어지기도 했다. 조선시대에 아이가 태어나면 집 대문의 양쪽 기둥 사이에 솔가지를 끼운 '금줄'을 쳐 아이의 탄생을 알렸다. 또 솔가지로 불을 피우고 소나무로 만든

---

77 〈민주조선〉, 2018년 10월 16일

78 리영일 김일성종합대학교 교수박사, 「조선인민의 기상과 조선의 국수-소나무」, 〈김일성종합대학보〉, 2016년 3월 8일.

농기구 등을 사용해 생활했다. 소나무를 이용한 각종 음식, 예를 들어 송편, 송화, 다식, 송기떡, 송엽주 등을 먹으며 살다가 소나무로 만든 관에 묻힐 정도였으니 민족수로 칭해졌다.[79]

북한의 소나무 설명도 이와 크게 다르지 않다. 북한 또한 이와 같은 맥락에서 "소나무에서 나고 소나무에서 살다가 소나무 속에 죽는다"는 표현을 소개하고 있다. 북한의 『조선의 국수-소나무』라는 단행본에는 "우리 민족은 오랜 력사적 기간 소나무와 뗄레야 뗄 수 없는 력사적 관계를 맺어온 것으로 하여 소나무와 관련한 우리 민족의 력사와 생활은 총체적으로 소나무문화라고 당당히 말할 수 있는 것"이라며 '소나무문화'라는 표현을 쓰고 있다.[80]

이처럼 북한이 소나무를 국수로 정한 이유를 설명할수록 소나무의 민족적 성격은 더욱 부각되고 선명해지는 양상을 보인다. 소나무를 국수로 지정한 이유에 대해 '조선 민족을 상징하는 나무'이기 때문이라는 직접적인 표현을 사용한 문헌도 있다.[81]

대외 선전매체, 〈조선의 오늘〉은 국수의 개념, 즉 나라를 대표하고 상징하는 나무라는 설명에 뒤이어 "소나무는 오랜 력사적 기간 우리 민족과 력사행로를 같이하면서 조선민족을 상징하는 나무로 되어왔

---

79 전영우, 『나무와 숲이 있었네』, (서울:학고재, 1999), 181~193쪽.

80 공명성·엄영일·리호철, 『조선의 국수-소나무』 (평양:사회과학출판사, 2018), 1~215쪽.

81 이와 같은 맥락에서 쓰이고 있는 '조선 민족'은 '조선민족제일주의' 등에 착목되어 있는 '김일성민족' 등의 개념이 아니라 일반적인 민족 개념이다.

다"라고 적시하고 있기도 하다.[82] 이와 같이 북한이 소나무를 국수로 지정한 이유를 강조할수록 '남산의 푸른 소나무'에서 '민족이 사랑한 소나무'로 의미가 확장되고 변하는 것은 자연스러운 수순일 수밖에 없다.

소나무를 민족, 국가와 연관지어 투영한다는 점에서는 남북이 닮은꼴이라고 할 수 있다. 소나무의 식생 특성을 두고 '가장 참을성 많은 나무'라고 해석하면서 '소나무 마인드는 한국인 마인드'라고 명명하거나[83] "(소나무의)구불구불한 줄기와 뒤틀린 나뭇가지에서 우리는 한국인의 모습을 본다.(중략) 척박한 땅에서 풍상과 싸워온 그 아픈 흔적을 소나무만큼 생생하게 보여주는 나무도 없다"라고 표현하기도 한다.[84] 또한 "흔히 역사적 시련은 겨울의 이미지로, 소나무는 그것을 꿋꿋이 견뎌내는 존재로서의 민족을 드러낸다"라고 평하고 있기도 하다.[85] 이처럼 우리나라의 많은 학자, 예술가들도 소나무를 우리 민족과 국가와 연관시켜 상징과 비유의 대상으로 삼아왔다.

국수 지정 후 달라진 소나무 효용성

북한에서 소나무는 용재림의 효용성 측면에서 이깔나무에 비해 상대적으로 우위에 있지 않다. 2000년에 출판된 북한의 총서인 『산림총

---

82 「국가상징들에 어려있는 숭고한 뜻(6)」, 〈조선의 오늘〉, 2020년 9월 11일.

83 이규태, 「소나무와 의식구조」, 이어령 엮음, 『한·중·일 문화코드 읽기 비교문화상징사전:소나무』, (서울 : 종이나라, 2005), 155쪽.

84 이어령, 위의 책, (서울 : 종이나라, 2005), 6쪽.

85 김현자, 「현대시로 본 소나무」, 위의 책, (서울 : 종이나라, 2005), 207쪽.

서』 6권을 살펴보면 소나무는 창성이깔나무 등과 함께 용재림으로 분류돼 있다.

소나무는 창성이깔나무, 이깔나무 다음 3번째 순위에 있는데 이는 용재림 효용을 고려한 순서로 보인다. 창성이깔나무와 이깔나무는 소나무에 비해 생장 속도가 빠르고 남한과 달리 북한의 기후에서도 잘 자라기 때문이다. 용재림 측면에서만 따져보면 소나무는 창성이깔나무, 이깔나무 다음 순위인 셈이다.

2010년에 출판된 북한의 중학교 6학년용 『림업』 교과서에서도 흥미로운 대목을 살펴볼 수 있다. 소나무 수종에 대한 평가가 다소 부정적인 뉘앙스를 띠고 있다는 점을 확인할 수 있기 때문이다. 이 교과서에는 산림개조를 해야할 대상지, 즉 '쓸모없는 산림류형'으로 '쓸모없고 생산성이 낮은 소나무림'을 꼽고 있다.

구체적으로는 "단위 면적당 생산성이 매우 낮고 경제적 의의가 적은 다박솔림,[86] 꼬부랑소나무림과 Ⅳ나이급에서 리용급에 도달하지 못하고 정보당 축적이 $30m^3$ 이하인 생산성이 낮은 소나무림이 속한다"라고 되어 있다.

소나무숲을 평가하는 데서 중요 기준이 생산성이며 생산성이 낮은 소나무숲을 다른 수종으로 대체해야 한다는 정책 기조가 분명했다는 것을 알 수 있다.

2001년 〈로동신문〉의 보도를 살펴보면 소나무가 장려 수종이 아니

86 '다박솔'은 다복솔의 북한말로 가지가 많이 퍼져 탐스럽고 소복한 어린 소나무를 일컫는다. [국립국어원 우리말샘]

었다는 점이 더욱 확연하게 드러난다.

2001년 2월 식수절[87]을 맞아 나무심기를 독려하는 보도에서는 모두 29번 나무 이름이 언급됐으나 소나무는 한 번도 언급되지 않는다.[88] 이 보도에서는 수종이 좋은 나무로 민아카시아나무, 수삼나무, 느티나무, 붉은단풍나무, 은행나무 5개 수종을 소개했다. 또 지역의 기후조건에 맞는 수종을 언급하며 산지대에는 분비나무 등 6개 수종, 중간지대에는 잣나무 등 3개 수종, 낮은 지대에는 수삼나무 등 4개 수종을, 토양의 비옥도 등에 따른 구분에서도 모두 11개 수종을 독려했지만 소나무는 포함되지 않았다.

식수절을 기념해 나무를 심자는 독려를 하면서도 소나무를 장려하지 않았다는 것을 확인할 수 있다. 이와 같은 점을 고려해 볼 때 효용성 측면에서는 소나무를 국수로 지정할 이유가 크지 않았다고 볼 수 있다.

소나무가 천연갱신[89]에 강한 편이라고 하더라도 2001년 식수절을 맞아 장려 조림 수종으로 소나무가 한 번도 꼽히지 않은 것은 2019년 소나무를 우선순위로 꼽은 것과는 대조적이다. 2019년 국토환경보호성 산림총국은 당해 나무 심기 과제에 대해 첫째, 국수인 소나무 심기, 둘째, 창성이깔나무 등 보호림 조성, 셋째, 목재림과 기름나무림 조성

---

87 북한의 식수절인 3월 2일을 앞두고 2월 25일에 「식수절을 맞으며 더 많은 나무를 심자」는 제목으로 보도됐다. 북한의 식수절은 2022년 10월 25일 3월 2일에서 3월 14일로 변경됐다.

88 「식수절을 맞으며 더 많은 나무를 심자」, 〈로동신문〉, 2001년 2월 25일.

89 천연갱신: 주로 자연의 힘으로 후계림을 조성하는 것(산림임업용어사전)

등을 제시했다.

북한에서 소나무의 효용성은 국수 지정 후 달라졌다. 소나무의 효용에 대해서도 재인식 및 재평가 작업이 이뤄지고 있기 때문이다.

국수로 지정된 뒤 소나무는 첫째, 경관 조성을 위한 조경수로 효용성을 재평가받고 있다. 거리와 공원, 유원지 등의 나무와 꽃을 심고 가꾼다는 의미의 원림화를 위한 수종으로 소나무를 독려하는 양상이 뚜렷해진 것이다. 평양 등의 도시에 "민족의 넋과 기상이 어린 소나무"를 많이 심어 "풍치수려하고 민족적 정서가 차넘치는" 도시로 꾸려야 한다고 강조하는 것이 대표적이다.[90]

둘째, 소나무 관련 연구를 장려하면서 소나무의 효용성을 뒷받침하려는 의도가 드러난다. 소나무의 부산물인 송진이나 송이버섯 등의 효능을 강조하거나 새로운 변종을 장려하는 모습도 두드러진다.

2019년부터는 특히 '금야흑송'을 주목했다. 북한은 금야흑송에 대해 강원도 통천지방에서 자라는 흑송에서 채취한 종자를 금야지방에서 묘목으로 키워 바닷가에 심은 것이라고 밝히고 있다. 금야흑송이 한 해에 80cm, 최고 110cm까지 자라는 등 초기성장이 빠르다는 점에서 효용성을 증명한다. 금야흑송의 원종 보존을 위해 국가적인 보호구를 강원도 통천군에 지정한 사례는 북한 당국이 소나무 수종 개량에 공들인다는 것을 보여준다.

---

90 「소나무를 더 많이 심어 가꾸며」, 〈로동신문〉, 2019년 3월 1일.

사회주의 체제 수호 맥락화

소나무의 효용성이 상대적으로 크지 않았던 조건에서 북한이 소나무를 국수로 지정한 이유는 무엇일까. 역사적으로 소나무에 투영되어 왔던 지조, 충절, 기상 등의 의미를 '사회주의 수호'라는 의미로 맥락화, 활용하는 데 가장 적합하기 때문이다. 소나무가 가지고 있는 상징성이 효용성을 압도한 셈이다.

북한에서 소나무는 '사회주의 조선'이라는 북한의 정체성을 담아내는 의미로 활용된다. 김정은 위원장의 소나무 관련 교시에서도 "소나무에는 우리 민족의 기상, 우리 국가의 강인성이 그대로 비껴있다"는 대표적 발언도 있다. 이 발언은 '민족의 기상'과 '북한의 강인성'을 소나무 정신으로 부각시키는 것인데 주목할 점은 강인성을 통해 사회주의 체제 수호의 의미를 내포한다는 데 있다.

이와 같은 맥락화를 2019년 3월 〈로동신문〉의 보도가 잘 보여주고 있다. 이 보도에서는 "소나무에 대한 우리 인민의 남다른 민족적 정서는 위대한 수령, 위대한 당의 령도따라 자주적이고 부강한 국가를 건설하기 위한 성스러운 애국투쟁행로에서 더욱 승화되였다"라고 밝히고 있다. 즉, 소나무의 '강인한 민족적 기상'을 '사회주의 체제 수호의 강인한 기상'으로 연결 짓는 데에서 사시사철 푸르고 억센 소나무에 '사회주의 체제 수호 및 고수'의 의미를 빗대고 있음을 확인할 수 있다.

북한의 명곡 중 하나로 평가받는 노래, '죽어도 혁명신념 버리지 말자'의 가사 내용인 "눈속에 묻힌대도 푸른 빛 잃지 않는 소나무처럼 죽어도 혁명신념 버리지 말자"라는 것 또한 같은 맥락이다. 소나무를 두

그림 14. 북한 우표에 형상화된 '소나무'의 모습

2017년 8월 발행

2020년 1월 발행

2021년 1월 발행

2022년 10월 발행

출처: 조선우표사

고 북한 사회주의를 신념으로 간직해야 한다는 수령의 유훈을 연상시키게 하는 것이다.

김일성종합대학 교수는 "내 나라의 자랑인 조선의 국수-소나무를 바라볼수록(중략) 혁명가는 눈속에 파묻혀도 푸름이 변하지 않는 소나무처럼 철창속에서 일생을 마칠지언정 자기의 신념을 버리지 말아야 한다고 하신 위대한 장군님의 간곡한 유훈이 우리의 가슴을 뜨겁게 울린다."[91]라고 표현하고 있는데, 이 대목은 소나무를 국수로 지정한 의도를 잘 드러내는 것이라고 할 수 있다.

2020년 9월 북한의 대외 선전매체인 〈우리민족끼리〉에 실린 수필에서도 이 같은 대목을 확인할 수 있다. 이 수필에서 소나무는 "사회주의 한길로 꿋꿋이 걸어가는 우리 인민의 강인한 모습을 안고" 있는 것

91 리영일 김일성종합대학교 교수박사, 「조선인민의 기상과 조선의 국수-소나무」, 〈김일성종합대학보〉, 2016년 3월 8일.

으로 해석하며 이는 「너를 보며 생각하네」 노래 가사 3절에도 반영돼 있다. "세상이 변한대도 제 모습 잃지 않을/ 아 내 조국의 장한 모습/ 너를 보며 생각하네"라는 가사에서 소나무는 '사회주의 한길'로 걸어가는 조국에 대한 칭송과 같다.

북한은 2017년 8월과 2022년 10월 두 차례에 걸쳐 국화, 국조, 국견, 국수 4종의 개별 우표를 발행했는데, 우표에 그려진 소나무는 하얀 눈이 덮인 이미지로 형상화돼 있다.

2017년은 유엔의 대북제재가 2006년부터 시작된 이래, 가장 강화된 6번째 결의안인 2375호가 채택된 시기다.[92] 2022년은 북한이 〈조선중앙TV〉를 통해 국제사회가 '3대 위기'인 '코로나19 등 전염병 발병, 자연재해, 식량 및 에너지 위기'를 겪었다고 평가한 해이기도 하다.[93]

이와 같은 시기적 배경을 환기하면 겨울철 눈 덮인 속에서도 변함없이 잎이 지지 않는 소나무의 이미지는 대북제재와 3대 위기가 지속되는 조건 속에서도 자력갱생 등을 통해 사회주의 체제를 수호해야 한다는 의미를 부각시키고 있다고 볼 수 있다.

북한은 김정은 위원장이 2017년 어린이 책가방 상표를 '소나무'라고 직접 명명했다고 밝히고 있다. 책가방 상표명 또한 소나무가 국수

---

92 유엔 안보리 결의안 2375호는 2017년 9월 채택됐으며 대북 유류 공급 제한, 북한의 섬유 수출 금지 등의 내용을 담고 있다. 이에 앞서 결의안 2321호는 2016년 9월 채택됐다.

93 〈조선중앙TV〉, 2023년 1월 23일, 「북한이 꼽은 2022년 '3대 위기'…코로나19 · 자연재해 · 식량난」, 〈뉴스1〉, 2023년 1월 25일에서 재인용.

로 지정된 것과 밀접하게 연관돼 있다. 소나무 상표 명명을 모티브로 한 북한의 2019년 단편소설에서는 소나무 상표를 두고 "조국의 미래를 대표하는 아이들이 저 억센 국수처럼 자기의 것을 소중히 지키며 씩씩하고 의젓하게 자라나라는 깊은 뜻"이 담겨있다고 표현한다.

특히 이 단편소설에서는 어린이들이 미키마우스가 그려진 책가방이 아니라 소나무가 그려진 책가방을 메게 됐다면서 "자기의 것에 대한 긍지감"을 강조하고 있다.[94] 아이들의 가방에 그려진 '미키마우스'가 '소나무'로 바뀐 현실을 묘사한 소설은 국수 소나무가 지정된 배경과 이유를 형상화하는 것이기도 하다.[95]

억세고 척박한 땅에서도 잘 자라는 소나무는 북한 체제의 고난과 난관을 반증하는 동시에 체제 수호와 고수에 대한 바람을 드러낸다. 이 같은 측면에서 보면 국기, 국화 등 다른 국가상징물들이 '국가', '애국'의 기표와 결합되어 있다면 국수, 소나무는 그와는 달리, '체제 수호·고수'의 기표라고 할 수 있다. 이 때문에 소나무에서는 '국가'보다 '체제'가 앞서는 셈이다.

산림복구 전투와 애국심의 표상이 된 소나무

소나무가 국수로 지정된 2015년에 북한에서는 산림복구전투가 시작됐다. 산림복구전투는 2015년 3월 주민 총동원을 골자로 하는 '조선

94 주설웅, 「소나무」, 『조선문학』 제5호, (평양 : 문학예술출판사, 2019), 8~17쪽.

95 소설 원문에서는 '미키마우스'라는 표현이 아니라 "가방 뒤에 붙어있는 외국만화영화에서 나오는 깜장쥐그림"이라고 표현되어 있다.

로동당 중앙위원회, 국방위원회, 인민군 최고사령부 공동결정서'가 내각에서 채택되고 산림 분야 별도 예산이 처음으로 편성되면서 본격화됐다.

소나무 국수 지정은 주민 총동원이 논의된 내각 결정 직후인 4월에 이뤄졌다. 산림복구전투에 돌입하면서 국수를 지정한 것과 다를 바 없는 시점이다. 북한은 산림복구전투에 돌입하면서 나무심기를 애국심과 등치시켰다. "오늘의 전민총돌격전에서 한그루의 나무라도 더 많이 심고 정성껏 가꾸는 사람이 진정한 애국자"라며 산림복구전투를 독려하는 것이다.

〈로동신문〉은 "정세가 극도에 달하고 설사 래일 전쟁이 일어난다고 하여도 우리는 후대들에게 만년대계의 재부를 물려주기 위한 산림복구전투를 순간도 멈출 수 없다"라고 표현하기도 했다.

산림복구전투가 대중을 동원해 진행하는 만큼 북한은 '산림복구전투=애국심의 발현, 후대를 위한 애국사업', '푸른 숲=애국심을 평가하는 척도', '한 그루 나무 더 심는 사람=진정한 애국자'라는 등식을 강조했다. 이에 따라 "애국의 마음은 나무 한그루라도 제 손으로 심고 정성껏 가꿀 때 싹트고 자라나게 되는" 것이기에 "산림복구전투장이 자신들의 충정심과 애국심을 검열받는 마당"으로 여기고 "애국의 삽을 뼈심을 들여 깊숙이 박아야 한다"라고 강조했다.

국수 소나무 지정은 산림복구전투를 애국심에 호소하며 독려하는데 효과적으로 역할을 한다. 비단 소나무만이 아니라 여러 수종의 나무를 심자는 대중동원의 논리가 다양하게 파생되기 때문이다.

문학예술 · 교육 분야 기준이 된 소나무

소나무를 국수로 지정한 뒤 예술작품 등 미적 평가에서도 소나무를 우선시하는 기준이 생겨났다. 미술 부문에서는 국수 소나무, 국화 목란꽃 등 국가 상징을 미술형식들에 반영해야 한다는 내용이 제기되었다. 이 방도는 '수령 형상' 창조 다음 순위인 두 번째로 언급된 것이어서 상당한 무게감을 갖는다.

북한의 문학예술분야에서 첫 번째 원칙은 수령 형상화 관련 내용이기 때문이다. 이 같은 기조는 2019년 광명성절 경축 미술작품전시회에서도 확인할 수 있다. 이 전시회는 '조선의 국수-소나무'라는 주제로 열렸으며 북한 전역의 창작가들과 애호가들이 창작한 150여 점의 소나무 주제 미술작품이 출품되었다.

이 전시회에는 전문가들만이 아니라 노동자, 소학교 학생, 유치원 어린이 등이 창작한 펜화 「송도원」, 색진흙공예 「제일강산」, 유화 「동해의 억센 소나무」, 크레용화 「우리나라 제일이야」 등의 작품도 전시되었다.

이처럼 국수가 된 소나무는 예술작품에서도 중요한 대상물로 변화했다. 자강도의 미술창작가들은 소나무를 훌륭히 형상화하기 위해 "눈덮인 험한 산발들을 톺아가며 우리 민족의 기개가 비낀 소나무들을 습작"했으며 원산예술학원에서는 "조선의 국수 소나무를 누가 더 고유한 특징이 살아나게 잘 그리는가, 누가 더 우리 민족장단을 기악작품연주에서 잘 살리는가에 기본"을 두고 기량발표회를 진행했다.

교육 내용 등에도 변화를 불러왔다. 2018년 〈로동신문〉은 미술교

그림 15. 북한의 '국수 소나무' 홍보 관련 보도

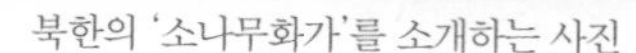
북한의 '소나무화가'를 소개하는 사진

미술작품전시회 '조선의 국수-소나무' 개막 모습

출처: 대외선전매체 보도(왼쪽), 조선중앙통신 보도(오른쪽)

육을 소개하며 "초보적인 미적 인식과 미적 정서를 안겨주는 유치원, 소학교, 초급중학교, 고급중학교 단계의 미술교육에서는 무엇보다 먼저 김일성화와 김정일화, 우리나라의 국기와 국장, 국수, 국견, 국조, 국화를 비롯하여 절세의 위인들을 칭송하고 나라를 상징하는 대상들을 그림으로 아름답게 그려낼 수 있는 능력을 키워주고, 각이한 종류의 미술작품을 창작할 수 있는 기초를 다져주어야 한다"라고 설명하고 있다.

교육 내용에서도 큰 변화가 생겼음을 짐작할 수 있다. 더불어 신문에서는 교육자들에 대한 당부로 "학생들에게 아름다운 것에 대한 올바른 인식을 심어주기 위한 사업에 애국의 마음을 다 바쳐나가야 할 것"이라고 밝혀 국가상징물을 위주로 한 교육도 진행하고 있음을 알 수 있다.

'소나무의 나라'가 되려는 북한

그림 16. 평양의 소나무

소나무를 살리기 위해 가림막을 설치하고
패트병을 이용해 물과 영양분을 공급하는 모습

출처: 러시아대사관 페이스북

김정은 위원장이 소나무를 국수로 지정하면서 소나무 경관은 그 자체로 김정은 시대를 상징하는 경관이 될 가능성이 크다. 소나무가 김일성, 김정일 시대와 다른 김정은 시대 업적을 시각적으로, 일상적으로 보여주는 효과를 발휘하는 것이다. 김일성, 김정일의 업적과 위대성이 구호나무와 바위에 새겨지는 양상이었다면 김정은의 업적과 위대성은 가로수나 명산 그 자체로 강조할 수 있게 됐다.

첫째, 소나무를 평양시 등 상징적인 거리에 심어 상징적인 모습을 연출하는 효과를 꾀할 수 있다. 〈로동신문〉은 평양시에 "원림록화에 리용할 보기 좋은 소나무"를 심었으며 함경남도와 황해북도 또한 공원, 유원지 등에 소나무를 조성했다고 알리고 있다.

특히 평양은 국수인 소나무와 국화인 목란 심기에 집중했다. "국수인 소나무와 국화인 목란 그리고 느티나무, 살구나무, 복숭아나무를 비롯한 수종이 좋은 8만여 그루의 나무를 심을 것을 계획"했다는 〈민주조선〉의 보도는 수도인 평양과 국수 소나무, 국화 목란이 연계되는 양상을 확인시켜 준다.

둘째, 소나무와 연관된 지역이 대내외 관광지 등으로 재조명되고 있다. 북한 문헌들에서 '소나무 절경'으로 꼽히는 곳들을 취합해 보면 다음과 같다.

우선 동해명승 송도원 솔숲이다. 700여 년 전 바다기슭에 소나무숲이 조성되었고 김일성 주석이 노송에 대한 보호관리대책을 강조한 것으로 알려진 곳이다. 이 지역에 대해 김정일 국방위원장은 "송도원의 오랜 소나무들은 금보다 더 귀중한 나라의 재부"라며 "한그루도 죽지 않게 철저한 보호관리대책을 세우라"라고 지시할 만큼 중요한 의미를 가졌다고 볼 수 있다.

철산장송이라 불리는 서해안 일대 소나무숲도 다시 주목하는 지역이다. 철산반도 바닷가의 철산장송은 수천 미터의 길이로 펼쳐져 있는데 해방 후 국토건설계획에 따라 조성된 곳으로 100년 이상 자란 나무들도 다수라고 한다.

천연기념물인 금강산 창터소나무숲도 절경으로 꼽힌다. 금강산의 외금강 구룡연 구역 신계동 입구에 있는 창터소나무숲의 밀도는 정보당 450여 대로 제일 큰 나무의 높이는 30m다. 일제시대 소나무숲 훼손 행위에 대해 김일성 주석이 대책을 강구한 곳으로 강조되는 지역이다.

이 밖에도 리원군 100리 송정, 칠보산, 묘향산, 구월산, 총석정, 해금강솔섬, 홍원솔섬, 명사십리, 마전, 우산장, 시중호, 석담구곡, 동림폭포 등의 소나무숲이 다시 재조명되는 곳들이다. 이 지역들은 국수인 소나무가 절경이라는 이유로 '명산', '명승지'로 탈바꿈하는 곳들이다.

북한은 소나무를 국수로 지정한 뒤 소나무 칭송을 이어가고 있다.

이는 "(내 조국은) 으뜸가는 소나무의 나라"(〈로동신문〉, 2018년 11월 18일) 라는 표현에까지 이르고 있다. 국수로 지정한 소나무가 으뜸이어야 하는 당위가 생겨났기 때문인데, 북한이 소나무의 효용성을 재평가하며 수종 개량 등에 관심을 쏟는 일 또한 '으뜸가는 소나무의 나라'가 되려는 일환으로 읽힌다.

북한에서 소나무가 국수로 지정된 후, 김일성 일가를 상징하는 '남산의 푸른 소나무'에서 '민족이 사랑한 나무'로 의미가 변환되는 과정, '사회주의 체제 수호 및 고수'의 의미로 위상이 재정립되는 과정 등은 북한에서 소나무의 의미가 어떻게 전화하고 있는지 보여준다.

김정은 시대 북한이 국수 소나무에 투영하는 것은 사회주의 체제 수호에 대한 욕망이다. 억세고 척박한 땅에서도 잘 자라는 소나무는 북한 사회의 희구를 형상한다. 북한 체제의 고난과 난관을 극복한 '내 조국의 장한 모습'[96]이 '소나무의 나라'와 등치되는 셈이며, '으뜸가는 소나무의 나라'는 김정은 시대 북한의 이상향에 대한 또 다른 표현이다.

민족이 사랑한 소나무, 남북 화해와 협력을 상징하게 될까?

북한이 밝히고 있는 것처럼 소나무는 "민족의 기상이 비끼여 있고 오래전부터 민족의 사랑을 받아온 소나무"이기 때문에 소나무에는 남북한이 공유하는 의미와 정서, 감각 등이 담겨있다. 남북 간 이념과 체

96 「조선인민이 사랑하는 노래 "너를 보며 생각하네"」, 〈조선중앙통신〉, 2019년 9월 4일.

그림 17. 우리나라 전문가들이 북한을 방문해 조사 작업을 벌이는 모습

❶❷❸: 금강산에서 남·북전문가들이 소나무 병해충에 대해 논의하는 모습(2018. 8. 8)
❹ 개성 왕건왕릉에서 국립산림과학원 전문가가 소나무재선충병에 대해 설명하는 모습(2018. 11. 29)

출처: 국립산림과학원

제의 차이에도 불구하고 소나무가 남북 모두에게 귀중한 의미와 가치를 갖는 것으로 인식되는 이유이기도 하다. 이 같은 측면에서 북한에서 국수, 소나무는 북한이라는 국가만이 아니라, 민족을 호명하는 이중적이고 다층적인 상징이 되고 있다.

남북이 사랑하는 소나무가 남북의 화해와 협력을 이끄는 소나무가 될 가능성도 농후하다. 남북 정상의 공동 기념식수로 소나무가 선택된 것 또한 이와 같은 맥락에서 볼 수 있다.

지난 2018년 4월 27일 문재인 전 대통령과 김정은 국무위원장은

판문점 군사분계선에 소나무를 공동 식수한 바 있다. 소나무를 전멸 상태에 이르게 하는 소나무재선충병 방제 등 생태적 측면에서도 남북 협력사업을 검토할 수 있다. 소나무재선충병 방제는 미국과 일본, 대만 등의 나라에서 더 이상 손을 쓸 수 없어 사실상 방제를 포기하는 등 의미 있는 성과를 내지 못하고 있는 상태다.

소나무재선충병 관련 북한의 현황은 파악하기 어렵지만 2018년 11월 우리 정부는 북한에 재선충병 방제 약제 50톤을 전달한 바 있기도 하다. 이보다 앞선 2015년에는 북한 당국이 금강산 지역 소나무가 말라가자, 우리 측에 남북 공동조사를 제안해 국립산림과학원 등 관계자들이 금강산을 방문해 조사를 벌이기도 했다.

소나무 관련 남북 간 협력사업은 다방면으로 가능하다. 기후위기 대비 차원에서도 남북 간에 지역별 소나무 종자와 유전자를 공유하는 방안을 검토할 수 있다. 또한 소나무는 민족적 색채와 상징, 이미지 등을 담고 있어 다양하게 활용할 수 있다. 민족이 사랑한 소나무를 통해 남북 공통의 정서와 감각을 재확인하며 새로운 지평이 열릴 수 있을 것이다.

[오삼언]

제3장

'으뜸나무'가 된 소나무

한국인의 삶과 소나무

한국인에게 소나무는 어디서나 흔히 볼 수 있는 친근한 나무이다. 대한민국 산림의 25%를 차지하는 수종이 소나무이다. 북한 역시 전체 산림의 18%를 소나무가 차지[97]하여, 남북 모두 수종 분포 중 소나무가 1위를 차지하고 있다. 조선 후기부터 일제강점기까지 소나무가 차지하는 비중은 지금보다 더욱 높았으며, 과거나 지금이나 한반도에서 살아가는 사람들 대부분은 매일 소나무를 만나고 이용하고 있다.

조선시대 사람들에게 소나무는 출생부터 죽음까지 늘 함께 한 나무였다. 아이가 태어나면 21일 동안 잡인의 출입을 금하고자 솔가지를 끼운 금줄을 쳤다. 영아사망률이 높은 시기였으니, 장수를 상징하는 솔

97 오삼언·배재수, 「북한의 소나무 '국수' 지정과 함의」, 『현대북한연구』 제26권 제3호, 2023, 91~127쪽.

가지를 꺾어 아이의 생명을 빌고 싶었을 것이다.

아이는 "소나무로 만든 집에서 솔가지나 솔가리로 피운 불의 연기를 맡으면서 성장하고, 소나무로 만든 도구와 농기구를 사용해 생활을 꾸렸으며, 소나무를 이용한 음식(송편, 송화, 다식, 송기떡, 송엽주)을 먹으며 살다가 이승을 하직할 때는 송판으로 만든 관에 들어가 뒷산 솔밭에 묻혔다."[98]

지금까지 조선시대의 목관에 사용된 목재는 모두 소나무로 확인되었다는 것이 이를 잘 보여준다. 또한 소나무는 자손을 대신하여 산에 자리 잡은 무덤가에서 선조를 지켜주었다. 당시 많은 사람이 소나무에 의지하여 살아가다 보니, 자연스럽게 소나무 문화가 형성되었다.

우리 땅에 적응한 소나무의 부정형성

한국인이 나무를 바라보는 인식은 나무의 모습과 자신이 처한 위치에 따라 달라졌다고 생각한다. 곧고 큰 전나무, 흰 수피(樹皮)의 자작나무, 단단한 박달나무 등 나무마다 사람이 느끼는 정형화된 인식이 있다. 나무가 지닌 형태적 특성과 사람에게 주는 유용성을 한국인이 오랜 기간 관찰하고 해석하여 상징화한 것이다.

소나무는 한반도 대부분에서 자생하지만, 자라는 모습은 지역마다 다르다. 곧고 높게 자란 소나무가 있지만, 용이 승천하듯 휘고 낮게 자란 소나무도 있다. 절벽 바위틈에 겨우 뿌리를 내리고 자라는 소나무

---

98 전영우, 『나무와 숲이 있었네』, (학고재. 1999), 181~193쪽.

도 있고 평지에 우뚝 솟은 낙락장송도 있다. 때로는 나무 밑동에서 여러 갈래로 나누어 자란 반송도 있다. 이처럼 다양한 소나무의 모습은 우리 민족과 개인이 처한 위치에 따라 다르게 해석되었다.

조선시대 선비에겐 '지조와 절개', 백성에겐 '장수', 일제강점기 독립 지사에겐 '시련을 끝내 이겨낸 나무'로 인식되었다. 소나무가 이처럼 다양한 의미와 상징으로 나타나는 것은 소나무의 부정형성과 함께 소나무를 바라보는 관점이 지식수준이나 사회적 지위, 각자의 위치에 따라 달랐기 때문이다.[99]

우리나라 소나무 형태의 부정형성은 유전적 요인보다 환경적 요인이 더 큰 영향을 미쳤다고 볼 수 있다. 유전 정보는 환경에 영향을 덜 받고 오랜 시간 진화와 세대를 거듭하며 발생하는 변이들이 축적된 결과로, 유전변이 또는 유전다양성으로 나타난다. 이러한 유전다양성의 결과는 맨눈으로 확인이 어려운 분자 수준이기 때문에 유전다양성를 확인하기 위해서는 DNA 마커라는 분석 도구를 이용한 연구가 필요하다.

DNA 마커를 쉽게 설명하자면 지구상에서 나무, 인간과 같이 살아 있는 생물들은 고유의 유전자 정보를 가지고 있다. 그러나 유전자 정보는 너무 방대하기 때문에 종을 구분하거나 특정 개체 간 차이를 구

---

99 "소나무가 이처럼 다양한 의미의 상징으로 그림 속에 존재하게 된 것은 그것을 바라보는 관점이 지식수준이나 사회적 지위, 처한 입장이나 처지 또는 소망하는 내용에 따라 달랐기 때문이다." 허균, 「겨울 속에서 봄날을 준비하는 솔」, 이어령 엮음, 『한·중·일 문화코드 읽기 비교문화상징사전: 소나무』, (종이나라, 2005), 107쪽.

분하기 위해서는 방대한 유전자 정보를 하나하나 비교하기 어렵다. 그런데 DNA 마커는 방대한 유전자 정보 중 종을 구별하는 특정 부위 또는 특정 개체를 특정할 수 있는 부위를 파악할 수 있는 표지자 역할을 하기 때문에 빠르게 종이나 개체를 식별할 수 있다.

국립산림과학원은 DNA 마커를 이용하여 전국에 분포하는 60개 소나무 집단을 대상으로 유전다양성 연구를 수행한 결과, 우리나라 소나무는 집단 간 유전다양성 차이가 1.4%로 매우 적었다.[100] 참고로 같은 소나무속의 잣나무의 집단 간 유전다양성 차이는 5.9%이고, 곰솔의 집단 간 유전다양성의 차이는 4.2%이다.[101]

우리나라 소나무는 집단 내에서 존재하는 유전적 차이가 98.6%로, 집단 또는 지역 간 유전적 차이가 거의 없다는 것을 알 수 있으며, 지역마다 소나무의 모습은 다를지라도 유전적으로는 거의 다르지 않다는 뜻이다.

그렇다면 우리 소나무는 자라는 곳의 환경에 따라 다른 모습으로 자란다고 할 수 있다. 지역마다 다른 모습의 소나무를 보고 '지역의 소나무를 유형화할 수 있을까?'라는 의문이 생길 수 있다.

1928년 수원농림고등학교 수목학자 우에키 호미키(植木秀幹, 1882~1976) 박사는 이런 질문에 처음으로 답하였다. 그는 수원농림고

---

100 Ahn J.Y., Lee J.W. and Hong K.N. 2021. Genetic diversity and structure of *Pinus densiflora* Siebold & Zucc. Populations in Republic of Korea based on Microsatellite markers. Forests 12, 750, pp.1~14.

101 Kim Z.S., Lee S.W. 1992. Genetic diversity of three native Pinus species in Korea. International symposium organized by IUFRO, held 24-28 August 1992

등학교 『학술보고』 3호에 「조선산 소나무의 수형 및 개량에 관한 조림학적 고찰」이라는 논문을 발표하였다. 이 논문의 목적은 우리나라 소나무의 지역종을 구분하고 우리나라 환경에서 더욱 곧고 수고가 높은 재질이 좋은 소나무를 개량하기 위한 것이었다.

그는 지리적 특성 정보와 함께 소나무 수형(樹型)을 6개의 유형으로 구분하였다.[102] 6개의 소나무 유형은 지역형(local form)으로 알려져 있는데, 동북형(東北型), 금강형(金剛型), 중부남부평지형(中部南部平地型), 위봉형(威鳳型), 안강형(安康型), 중부남부고지형(中部南部高地型)이다.

동북형은 함경남도, 강원도 일부 지역에 분포하고 있고 형태적으로 줄기는 곧게 올라가고 가지나 잎이 무성한 부분인 수관(樹冠)은 달걀 모양으로, 나무의 첫 가지가 땅과 가깝게 달리는 특성이 있다.

금강형은 금강산, 태백산을 중심으로 분포하고 있고 줄기가 곧고 수관은 가늘고 좁으며 나무의 첫 가지가 땅과 떨어져 달리는 특성이 있다. 특히, 금강형은 금강소나무, 금강송, 춘양목으로 불리기도 하며, 재질이 우수하여 목재 가치가 높은 것으로 평가된다.

중부남부평지형은 서해안 일대에 분포하고 있으며, 줄기가 굽어 있고 수관이 넓고 금강형처럼 나무의 첫 가지가 땅과 떨어져 달리는 특성이 있다.

위봉형은 전라북도 완주군 위봉산을 중심으로 분포하고 있고 젓나

102 Uyeki, H. 1928. On the physiognomy of *Pinus densiflora* growing in Korea and silvicultural treatment for its improvement. Bulletin of the Agricultural and Forestry College, Suigen, Chosen No3. p.263.

그림 18. 충청북도 보은군 정이품송

출처: 조재형 제공

그림 19. 강원도 양양군 하조대 소나무

출처: 조재형 제공

그림 20. 강원도 강릉시 대관령 금강소나무숲

출처: 조재형 제공

그림 21. 경상북도 경주시 남산 소나무숲

출처: 조재형 제공

그림 22. 설악산 소나무(왼쪽)와 울진 소광리 소나무(오른쪽)

출처: 조재형 제공

무 모양처럼 수관이 좁고 줄기 생장이 저조한 특성을 나타낸다.

안강형은 울산을 중심으로 분포하며 줄기가 매우 구불구불하고 수관은 위가 평평하며 수고가 낮다.

중부남부고지형은 중부지역을 중심으로 수관의 형태가 금강형과 중부남부평지형의 중간형인 것으로 구분하였다. 그러나 우에키 박사

그림 23. 경기도 과천 서울대공원의 소나무

출처: 저자 촬영

가 주장한 소나무의 지역형 분류가 얼마나 보편적 현상인지를 명확하게 검증한 학문적 결과는 아직 없다.

소나무를 바라보는 다양한 인식

소나무의 다양한 모습을 보며 그 시대를 살아가는 사람들은 나의 삶과 현실을 각기 다른 모습의 소나무에 비추어 보았다.

옛 선비들은 자신의 학문적 배경인 유교를 바탕으로 자신이 처한 상황에 따라 소나무를 해석하였다. 그 배경에는 소나무가 사시사철 잎이 지지하는 상록수라는 특성을 '절의와 지조'라는 유교적 상징물로

그림 24. 김정희 필 「세한도」

출처: 국립중앙박물관 소장

만들었다.

특히, 정치권력의 다툼에서 밀려나 권세를 잃은 선비들에겐 늘 변치 않는 소나무의 모습을 자신이 앞으로 가고자 하는 방향과 일치시키며 자신의 또 다른 모습으로 상징화하였다.

추사 김정희가 1840년 안동김씨 세력과의 권력 싸움에서 밀려나 제주도로 유배 가서 그린 「세한도(歲寒圖)」의 발문(跋文)이 이러한 상징성을 잘 표현하고 있다. 권력이 있을 때나 빈궁한 유배의 처지에 있을 때나 변하지 않는 마음으로 자신을 대한 제자 이상적을 위해 그린 「세한도」는 권세와 이득에 따라 변하는 자들과 달리 "날씨가 추워진 뒤에야 소나무, 잣나무[103]가 뒤늦게 시든다는 사실을 알게 된다."는 공자의

103 논어에 나오는 송백(松柏)의 '백'을 잣나무가 아닌 측백나무로 번역하는 것이 옳다는 주장이 있다. 공자가 살았던 당시 중국에는 잣나무가 분포하지 않았기 때문이다. 또한 김정

말씀을 빌려 이상적을 절의와 지조가 높은 사람으로 평가하였다.

고산 윤선도 역시 56세 때 유배를 마치고 해남에 은거할 무렵 지은「오우가」[104]에서 겨울에도 잎 지지 않고 뿌리 곧은 소나무의 특성을 '지조'로 표현하였다. 이렇게 소나무를 바라보는 선비들의 다양한 인식에 대하여 허균은 옛 선비들이 관조와 사색을 거쳐 소나무 자체가 아닌 인간이 해석한 소나무의 모습, 즉 '지조와 절개'로 상징화했다고 해석하였다.[105]

그림 25. 윤선도의「오우가」중 소나무[松]

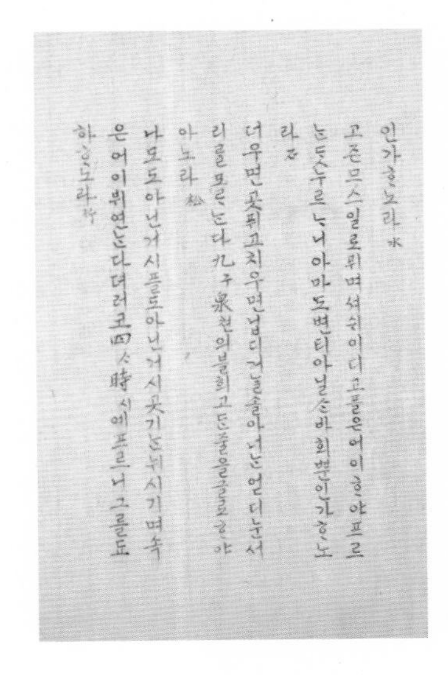
인가 ᄒᆞ노라 水
고즌 므스 일로 퓌며셔 쉬이 디고 플은 어이 ᄒᆞ야 프르
ᄂᆞᆫ ᄃᆞᆺ 누르ᄂᆞ니 아마도 변티 아닐ᄉᆞᆫ 바회뿐인가 ᄒᆞ노
라 石
더우면 곳 퓌고 치우면 닙 디거ᄂᆞᆯ 솔아 너ᄂᆞᆫ 얻디 눈서
리ᄅᆞᆯ 모ᄅᆞᄂᆞᆫ다 九구泉천의 블희 고ᄃᆞᆫ 줄을 글로 ᄒᆞ야
아노라 松
나모도 아닌 거시 플도 아닌 거시 곳기ᄂᆞᆫ 뉘 시기며 속
은 어이 뷔연ᄂᆞᆫ다 뎌러코 四ᄉᆞ時시예 프르니 그를 됴
하 ᄒᆞ노라 竹

출처:『고산유고(孤山遺稿)』제6권 하편 별집「산중신곡」
서울대학교 규장각 한국학연구원 소장.

소나무에 대한 이러한 인식은 지금까지 이어져 "우리가 부르는 애국가의 2절의 가사를 봐도 소나무는 무궁화와 짝을 이루는 한국인의 상

희가 유배가 있던 서귀포 대정마을에 잣나무가 자라지 않는다는 점과 왼쪽 나무의 껍질과 잎의 형태로 볼 때 잣나무가 아닌 곰솔(해송)로 추정하고 있다.([박상진의 우리그림 속 나무 읽기] [2] 추사의 '세한도' 속에 잣나무는 없다. https://www.chosun.com). 반면 측백나무가 흔하지 않은 우리나라의 경우 '백'을 잣나무로 이해하였을 것이다. 이런 상황을 고려하여 본문에는 잣나무로 해석하고 각주로 측백나무의 가능성을 함께 다루었다.

104 "더우면 꽃 피고 추우면 잎 지거늘 / 솔아! 너는 어찌 눈서리를 모르느냐? / 구천(九泉)에 뿌리 곧은 줄을 그로 하여 아노라."

105 허균, "겨울 속에서 봄날을 준비하는 솔", 이어령 엮음,『한·중·일 문화코드 읽기 비교문화상징사전: 소나무』(종이나라, 2005), 105쪽.

징이며 절의를 높이 아는 유교의 심성"[106]으로 계승되었으며, 나아가 소나무를 한국인의 심성과 일치시키고 있다.

이어령은 바위틈이나 벼랑 위에 서 있는 소나무에서 척박한 땅에서 풍상과 싸워온 한국인의 모습[107]을 상상한다. 풍상에 시달릴수록 오래 사는 소나무를 보며 끝없는 외침과 폭정의 역경 속에서도 끈질기게 자신을 지키며 의연하게 살아온 한국인의 역사[108]를 떠올린다. 때로는 소나무를 참을성 많은 나무라 규정하고, 이러한 소나무 마인드가 한국인 마인드라고 주장[109]한다.

한국인의 심성을 넘어 민족의 심성으로 발전하기도 한다. 외침과 폭정과 같은 역사적 시련은 겨울의 이미지로 나타나고 겨울에도 푸른 소나무는 이를 견뎌내는 존재로서의 민족[110]을 대변한다.

---

106 이어령 엮음. "이 책을 여는 말: 소나무 문화권의 텍스트 읽기", 위의 책, 12쪽.

107 "어쩌다 시골길을 지나다가 바위틈이나 벼랑 위에 서 있는 한 그루 소나무를 보면 눈시울이 뜨거워진다. 구불구불한 줄기와 뒤틀린 나뭇가지에서 우리는 한국인의 모습을 본다. 세상에 풍상을 겪지 않고 자라는 나무가 어디 있겠는가. 하지만 척박한 땅에서 풍상과 싸워온 그 아픈 흔적을 소나무만큼 생생하게 보여주는 나무도 없다." 이어령 엮음. 「한·중·일 문화 코드 읽기를 펴내며」, 위의 책, 5쪽.

108 "차라리 돌에 가까운 나무다. 한 번도 화려한 꽃을 피워본 적은 없지만 풍상에 시달릴수록 오래오래 사는 나무다. 끝없는 외침과 폭정의 역경 속에서도 끈질기게 자신을 지키며 의연하게 살아온 한국인의 역사 그대로다." 이어령 엮음. 「이 책을 여는 말: 소나무 문화권의 텍스트 읽기」, 위의 책, 7쪽.

109 "식물학자 월터는 나무 가운데 가장 식생이 부적한 땅, 이를테면 풍화된 암질의 땅, 자갈땅, 산성이 강한 땅, 비탈진 땅만 골라 굳이 그곳에 집착하여 사는 가장 참을성 많은 나무가 소나무라 했다. 곧 소나무 마인드는 한국인 마인드인 것이다." 이규태, 「한국 소나무의 의식구조」, 위의 책, 155쪽.

110 "많은 시인이 소나무를 우리 민족과 국가의 문제로 연관시키고 있다. 이 과정에서 흔히

소나무는 나무 가운데 으뜸나무

소나무의 긍정적 상징성을 극대화한 표현이 '백목지장(百木之長)'과 '만수지왕(萬樹之王)'[111]이다. 나무도 서열을 만들어 소나무를 모든 나무의 으뜸이고 왕이라 표현한 것이다.

천자의 무덤에 심는 나무가 소나무였고, 조선 후기 능·원·묘에 나무를 심는다는 것은 곧 소나무를 심는다는 것을 의미하였다. 이처럼 소나무는 모든 나무 중 '으뜸나무'라는 인식이 역사와 문화, 예술로 이어져 현재 한국인이 소나무를 가장 좋아하는 나무로 인식하게 된 이유가 되었다고 생각한다.

그렇다고 조선 후기의 모든 사람이 소나무를 긍정적으로 생각한 것은 아니었다. 조선 후기에 송정의 폐해가 커짐에 따라 백성들이 느끼는 소나무의 인식은 부정적으로 변하였다.

정약전은 「송정사의」에서 산림황폐화의 원인과 송정의 폐해를 다루면서 "백성들이 소나무 보기를 독충과 전염병처럼 여겨서 몰래 없애고 비밀리에 베어서 반드시 제거한 다음에 그만둔다. 그리하여 개인 소유의 산에는 소나무가 한 그루도 없게 되었다."[112]고 표현하였다.

황상 역시 송정의 폐해와 백성들이 왜 소나무를 벨 수밖에 없는지

역사적 시련은 겨울의 이미지로, 소나무는 그것을 꿋꿋이 견뎌내는 존재로서의 민족을 드러낸다." 김현자, 「한국 현대시로 본 소나무」, 위의 책, 207쪽.

111 "오오 솔이여, 솔은 진실로 좋은 나무, 백목지장(白木之長)이오, 만수지왕(萬樹之王)이라 하리니 이 위에 무슨 말을 하겠는고."(김동리 『松讚』, 재인용).

112 안대회, 「정약전의 송정사의(松政私議)」, 『문헌과 해석』 제20권, 2002, 212쪽.

를 시[113]로 담았다. 황상의 말처럼 소나무가 죄가 있어 소나무를 제거하는 것이 아니라 송정을 운영하는 사람과 기관의 폐해가 문제였다.

[배재수, 안지영]

113 『황상, 승발송행(僧拔松行)』, (안대회, 「정약전의 송정사의(松政私議)」, 『문헌과 해석』 20, 2002, 206~207쪽).

나라의 삼정 중에 송정(松政)이 그 하나인데 / 배 만드는 재료로는 소나무보다 나은 것이 없다.

솔뿌리를 뽑아내려 숲속을 뒤지면서 / 노복조차 두리번두리번 뇌물을 요구한다.

뜻밖에 절간에서 매질이 낭자하니 / 합장한 스님들은 살려달라 애걸한다.

봄가을로 이렇듯이 해마다 벌어지니 / 그 사이에 허다하게 죄 없는 소나무가 뽑혀갔다.

"산에 소나무 없다면 이런 일 벌어지랴?" / 소나무 뽑자는 의논에 이견이 없네

도끼로 벨 것은 베고, 낫으로 벨 것은 자르며 / 무성한 어린싹을 수염 뽑듯 하는구나

제4장

‘중요한 나무’로 역할을 한 소나무

1

조선 후기 국가가 필요로 하는 목재를 공급한 봉산

봉산의 정의

조선 후기의 송정을 다루면서 봉산을 비교적 자세히 설명하였다. 봉산은 우리나라의 역사적 맥락에서 바라보면 대부분의 사전(事典)에서 서술한 "나라에서 벌채를 금지하는 산"[114]이란 설명만으로는 부족하다. 고유명사로써 봉산이 '언제' 쓰였는지, '무엇'을 대상으로 하였는지, '어디'에 많이 분포하였는지를 알 수 없기 때문이다.

봉산은 17세기 말 숙종 때부터 사용된 용어이다. 이미 다루었듯이 1680년 갑자사목에서 소나무가 잘 자라는 땅의 경계를 설정하였다는 '의송산초봉(宜松山抄封)'이 봉산으로 전환되었다. 봉산을 설정한 목적에 따라 선재를 조달하기 위한 봉산과 참나무봉산[眞木封山], 관곽용

114 법제처, 『고법전용어집』, 1979, 340쪽.

목재를 조달하기 위한 황장봉산, 신주(神主)와 그 궤에 사용되는 밤나무를 조달하기 위한 밤나무봉산[栗木封山]으로 구분할 수 있다.

봉산을 지정한 첫 번째 목적이 전선용 목재를 조달하는 데 있었기 때문에 보통 봉산이라 말하면 선재봉산을 의미한다.

봉산의 대상 수종은 소나무였다. '의송산'이라는 용어가 명확히 그 대상을 보여준다. 그러나 조선 후기로 갈수록 봉산의 사용 범위가 소나무 이외의 수종으로 확대되었다. 배의 결합을 위해 못과 같은 역할을 하는 피새를 만들거나[115] 방패나 배를 젓는 노(櫓木)를 만들기 위해[116] 단단한 참나무[117] 봉산을 설정하기도 하였다.

소나무의 전건 비중은 0.44인 반면 참나무류의 굴참나무, 상수리나무, 신갈나무 등은 그 배인 0.78~0.86이다[118]. 전건 비중이란 건조기 오븐에서 생재(生材)를 함수율이 0이 될 때까지 건조했을 때의 부피 대비 무게를 말한다. 그만큼 같은 부피라면 참나류가 소나무보다 조밀하고 무겁다는 뜻이다.

참나무봉산은 경상도에만 발견되었다. 〈영남지도〉에는 곤양에서 1곳, 경남 고성에서 12곳이 발견되었고 〈동여도〉와 『대동지지』에도 경

115 배재수, 「조선후기 봉산의 위치 및 기능에 관한 연구: 만기요람과 동여도를 중심으로」, 『산림경제연구』 제3권 제1호, 1995, 38쪽.

116 이기봉, 「조선후기 봉산의 등장 배경과 그 분포」, 『문화역사지리』 제14권 제3호, 2002, 12쪽.

117 참나무라는 수종은 없다. 이 절에서 말하는 참나무는 굴참나무, 상수리나무, 붉가시나무, 종가시나무와 같은 참나무과 참나무속에 속하는 나무를 총칭한 표현이다.

118 임업연구원, 「한국산 주요목재의 성질과 용도」, 임업연구원 연구자료 제95호, 1994.

그림 26. 안면도에 봉산 표시가 남아 있는 〈동여도〉

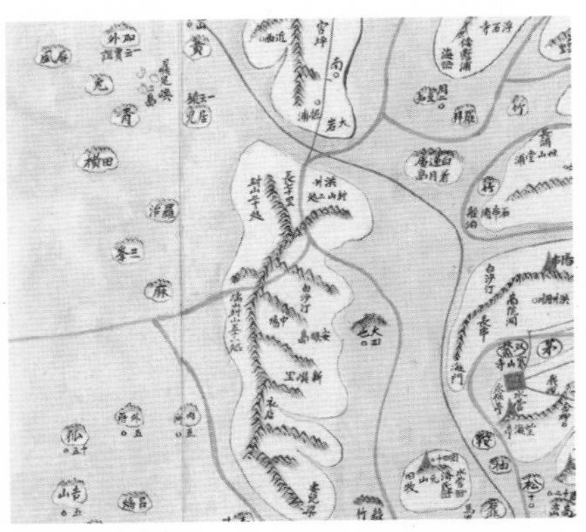

안면도는 전국에서 가장 많은 73처의 봉산이 설치되었다. 안면도는 태안, 서산, 홍주가 나누어 관리하였는데, 〈동여도〉는 서산 51처, 태안 20처, 홍주 2처의 봉산이 설치되었다는 것을 보여준다.

출처: 서울대학교 규장각한국학연구원 소장

남 고성에 참나무봉산을 기록하고 있다. 또한 제사의 신주와 그 궤를 만들기 위해 밤나무봉산을 특별히 설정하였다. 그 수요가 많지 않았기에 광범위하게 분포하지 않고 전라도 구례와 경상도 하동의 지리산 남쪽에서만 밤나무봉산이 발견되고 있다.

조선 후기로 갈수록 봉산의 대상 수종이 확대되었다고는 하나 전선 제조용 소나무를 안정적으로 공급하기 위해 봉산을 설정했다는 기본 목적은 크게 변하지 않았다.

선재봉산 대부분은 서해안과 남해안의 연해지역에, 황장봉산은 강원도의 내륙지역에 분포하였다. 1808년에 간행된 『만기요람』에는 함경도에 29처의 봉산이 존재한다고 하였으나 1857년경에 제작된 〈동여도〉에서는 확인할 수 없다.

봉산에서 관리한 소나무의 최종 수요처가 전선과 조운선을 만드는 해안가와 궁궐의 건축과 보수, 관곽이 필요했던 수도 한양이었기 때문에 해운과 내륙 수운이 편리한 곳에 봉산이 분포할 수밖에 없었다. 특히 선재봉산이 전라도와 경상도 해안가와 도서에 집중된 이유는 경상

그림 27. 구례에 율목봉산이 표시된 〈동여도〉

출처: 서울대학교 규장각한국학연구원 소장

도와 전라도에 건조해야 할 전선의 수가 가장 많았기 때문이다.

『만기요람』의 도별 전선의 수를 보면, 총 773척 중 경상도가 차지하는 비율이 31%, 전라도가 차지하는 비율이 30%로 가장 많았다. 같은 『만기요람』에 575개의 봉산과 송전 중 경상도가 차지하는 비율이 57.2%, 전라도가 차지하는 비율이 24.7%로 가장 많았다.

봉산과 전선의 규모가 지역마다 차이가 없다는 가정하에 해석하면 봉산의 수는 전선의 수와 비례한다고 볼 수 있다. 즉, 봉산을 설정한 가장 큰 이유가 전선 제조에 필요한 소나무를 안정적으로 공급하는 데 있었고, 전선의 수요처 역시 삼남의 수영과 속진이 위치한 바닷가였으므로 '목재 조달 – 조선(造船) - 전선 배치'가 효율적으로 이루어지도

그림 28. 경상도 고성에 진목봉산이 표시된 〈동여도〉

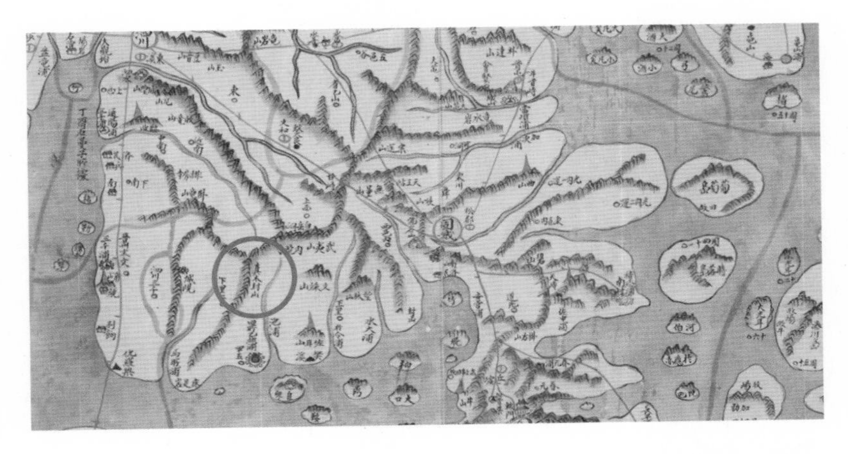

출처: 서울대학교 규장각한국학연구원 소장

록 선재봉산을 지정한 것으로 볼 수 있다.

특히, 부피가 크고 무게가 많이 나가는 나무를 짧게는 수백 미터에서 길게는 수백 킬로미터를 옮겨야 했다. 조선 후기의 운송력을 고려하면 바닷길을 이용한 운반과 뗏목을 활용한 내륙 수운만이 가능한 대안이었다. 아무리 좋은 소나무가 있더라도 가져올 수 없는 곳이라면 봉산에서 배제되었다.

이를 반영하여 봉산을 좁게 정의하면 '17세기 말부터 전선과 관곽 등 국용 목재를 안정적으로 공급하기 위해 소나무가 잘 자라는 곳 중에서 운송력을 고려하여 지정·관리한 소나무숲'이라 할 수 있다.

봉산의 기능과 국용 목재의 조달

봉산을 지정하고 관리하는 목적은 국용 목재를 안정적으로 공급하는 데 있다. 당시 국가가 필요로 하는 소나무의 가장 중요한 용도는 전선과 조운선을 만드는 자재로 사용하는 것이었다. 이어 조선 정부와 왕실의 양생송사(養生送死)와 관련이 있는 궁궐을 짓거나 보수하고 관곽의 자재로 사용하는 것이었다.

봉산과 송전의 목재는 주로 전선을 만드는 데 사용되었고, 황장봉산의 목재는 관곽을 만드는 데 쓰였다. 그러나 화성과 창덕궁의 인정전을 신축하는 데 안면도 봉산의 목재가 사용되었듯이 국정 현안이 발생하였을 때는 공공건축을 위해 봉산의 목재를 예외로 사용하였다. 즉, 쓰임새의 중요도로 보면 전선 제조가 궁궐 등의 영건에 비해 컸지만, 목재의 수요량으로 보면 궁궐, 관아 등의 영건에 들어가는 목재가 전선 제조에 비해 훨씬 많았다.

조선시대 목재는 국내 산림자원에서 공급되었다. 조선은 목재를 수출하거나 수입하지 않고 필요한 목재를 국내에서 자급하는 폐쇄경제 사회였다. 조선왕조의 목재 조달은 공납(貢納)을 기본으로 하였다. 공납은 국가에서 필요로 하는 물품을 정해 두고 해당 산지에 조달을 지시하는 것이다. 공납은 크게 상공(常貢)과 별공(別貢)으로 구분된다. 상공은 매년 일정량을 정기적으로 부과하는 것이고 별공은 필요에 따라 수시로 부과하는 것이다. 영건 목재도 공납 물품에 포함되어 있어 상공과 별공으로 조달되었다.

국용 임산물의 종류 및 수취지를 정확히 파악할 수 있는 조선시대의 공안(貢案)[119] 자료가 남아 있지 않아, 이를 대신할 수 있는 조선 시대 4개 전국지리지인 『세종실록지리지(1454)』, 『신증동국여지승람』(1531), 『여지도서』(18세기 후반), 『대동지지』(1866)의 토산(土産), 토의(土宜), 토공(土貢) 및 물산(物産) 조항의 임산물 물종(物種)을 이용하여 목재의 공납지를 파악하였다.

이 자료들의 근본적인 한계는 토산(土産), 토의(土宜), 토공(土貢), 물산(物産) 등에 기록된 물종이 국용 산물의 생산지 또는 수취지로 판단할 수는 있으나, 그 양을 비교하여 판단할 수 없다는 것이다. 즉, 『신증동국여지승람』의 토산 물종 중 대추를 공물로 상납해야 하는 군현이 총 78개라는 것은 확인할 수 있으나 어느 군현이 얼마나 상납했는지는 알 수 없다는 것이다. 이 중 목재는 인간 삶의 바탕이 되는 원자재로 건축재, 선박재, 관곽재, 연료재 등으로 광범위하게 사용되었다.

조선 정부는 국용 목재의 대부분을 차지하는 소나무를 안정적으로 공급하기 위해 소나무가 잘 자라는 지역을 조사하여 조선 전기의 금산(禁山), 조선 후기의 봉산과 같은 국가직속용도림[120]을 설정하였다. 4개 전국지리지 중 목재를 공물로 기재한 지리지는 『세종실록지리지』에 한정되는데, 이 역시 부목군현 단위가 아닌 도별 단위로 기록하였다. 이 기록에 따라 목재를 구분하면, 건축용 목재(營繕雜木, 營繕大木, 椽木,

119 조선시대에 공물의 품목과 수량을 적은 예산표. 이와 상대가 되는 세출표는 횡간(橫看)이라 불렀다.

120 국가직속용도림에 대해서는 拙稿, 「朝鮮後期 松政의 體系와 變遷 過程」, 『산림경제연구』 제10권 제2호, 2002, 27~29쪽 참조.

材木), 연료용 목재(燒木, 炭), 관곽용 목재(梓木), 군사용 목재(弓幹木, 木弓), 선박재(仍邑朴船), 가구재 및 특수재(自作木,[121] 黃楊木 등)로 나눌 수 있다.

반면 『신증동국여지승람』, 『여지도서』 및 『대동지지』는 목재를 공물 항목으로 파악하지 않고 있으며, 단지 『대동지지』의 「산수(山水)」 항목에 봉산(封山) 또는 의송산(宜松山)을 기록하고 있을 뿐이다.

목재를 보통 공물과 같이 군현 단위로 분정(分定)하지 않은 이유는 금산, 봉산, 시장(柴場) 등 국용 목재를 공급하기 위한 국가직속용도림을 지정하여 특별히 관리하였기 때문이다. 즉, 대들보, 기둥, 추녀와 같이 수백 년간 길러야 쓸 수 있는 대경재는 매년 생산되는 곡물 또는 종실과는 분명 다른 것이었다. 또한 부피가 크고 무게가 많이 나가는 목재의 특성상 한양까지 운반할 수 있는 운송 수단의 편부(便否)가 목재의 분포만큼이나 중요하였다.

따라서 이미 밝혀진바[122]대로, 운송의 편리함으로 인해 봉산의 분포가 대부분 해안가, 섬 또는 내륙 수운을 이용할 수 있는 남한강, 북한강 유역에 집중되어 있다. 이러한 측면에서 본다면 조선 전기 금산제

---

121 自作木은 資作木 또는 字作木으로도 쓰였으며, 7품 이하의 호패 또는 5품 이하가 사용하는 黃楊木(회양목)을 대신하여 호패 재료로 사용되거나(『태종실록』 26권 13년 9월 1일 丁丑條) 箭竹의 재료 등 군사용으로 사용되거나(『세종실록』 110권 27년 11월 15일 丙戌條) 목판 재료로 사용되었다(『성종실록』 110권 10년 10월 4일 丙辰條). 그러나 수종명은 확실치 않다.

122 봉산의 지리적 분포 및 기능에 대해서는 배재수, 「조선후기 봉산의 위치 및 기능에 관한 연구-만기요람과 동여도를 중심으로」, 『산림경제연구』 제3권 제1호, 1995, 29~44쪽과 이기봉, 「조선후기 봉산의 등장 배경과 그 분포」, 『문화역사지리』 제14권 제3호, 2002, 1~18쪽 참조.

도 및 시장제도가 확립되기 이전인 『세종실록지리지』에는 도별로 목재를 분정하였으나, 이후 『경국대전』이 반포되고 금산, 봉산, 시장 등 국가 직속의 용도림이 설정되면서부터 이곳에서 직접 부역을 통하여 국용목재를 조달하게 되자 전국지리지의 공물 조항에서 목재를 제외한 것으로 볼 수 있다.

조선 초기 공물용 목재는 〈표 10〉과 같이 경기도, 충청도, 강원도에 분정되었다. 앞서 서술하였듯이 목재는 부피가 크고 중량이 무겁기 때문에 생산지는 소나무자원이 풍부하여야 할 뿐만 아니라 최종 수요처인 한양까지 쉽게 운반할 수 있는 곳에 위치하여야 했다.

경기도는 한양에 가장 가까운 지리적 이점을 살려 영선잡목, 자작목, 은행나무, 피나무, 뽕나무, 벚나무, 장작을 조달하였다. 충청도는 건축 및 토목에 필요한 영선대목, 서까래[椽木], 판재 및 군사용 목재인 애끼찌[弓幹木], 나무활[木弓]과 선박재를 공급하였다. 또한 자작목(自作木), 회양목[黃楊木] 등 특수재와 연료용 목재인 장작과 숯을 공급하는 등 거의 모든 용도의 목재를 충청도에서 공급하였다.

조선시대 충청도가 주요 목재 공급지가 될 수 있었던 것은 조선 후기에 73처의 봉산[123]이 설정될 정도로 풍부한 소나무자원을 간직한 안면도의 존재와 경기도를 제외하고는 해운이 가장 편리한 지리적 장점 때문이었다.

강원도는 충청도의 안면도와 달리 남한강, 북한강의 내륙 수운을

123 『萬機要覽』 財用編五, 「松政」.

표 10. 『세종실록지리지』 목재의 도별 생산지

도	공물용 목재
경기도	영선잡목(營繕雜木), 자작목(自作木), 은행나무[杏木], 피나무[椴木], 뽕나무[黃桑木], 벚나무[櫻木], 장작[燒木]
충청도	애끼찌[弓幹木], 나무활[木弓], 자작목(自作木), 장작[燒木], 영선대목(營繕大木), 서까래[椽木], 잣나무[栢木], 회양목[黃楊木], 대추나무[棗木], 피나무[椴木], 가래나무[楸木], 넓은널대중목[廣板大中木], 피나무널[椴板], 잣나무널[栢板], 고을박선[仍邑朴船], 숯[炭]
강원도	자작목(自作木), 장작[燒木], 나무활[木弓], 관곽재[梓木], 재목(材木), 숯[炭]

출처: 『세종실록』 지리지. 1981. 한국지리지총서. 전국지리지 1.

이용하여 목재를 운반하여야 했다. 물량이 풍부한 지역 주변의 소나무 숲은 비교적 손쉽게 뗏목을 이용하여 한양으로 운반할 수 있었지만, 기타 지역은 수량이 부족하여 겨울에 벌채하여도 여름 장마 등 큰비를 기다려 운반할 수밖에 없었다. 따라서 강원도는 풍부한 소나무자원을 바탕으로 재목, 장작, 숯 등을 공급할 수는 있었지만, 배로 운반하는 다른 지역과 달리 운반력의 한계가 존재하였다.

한편, 강원도의 공물용 목재 중 주목할 만한 물종은 관곽용 목재인 재목(梓木)이다. 이 재목은 소위 황장목이라 불리는 소나무로, 송진이 많고 나이테가 치밀하여 잘 썩지 않는 특성으로 인해 최고급 관곽재로 이용되었다.[124] 황장목은 지금도 강원도와 경북 북부지역에 주로 분포

124 『중종실록』 24년 11월 14일(병오). 이와 연결되어 왕과 관료들의 관곽을 소나무로 이용하였는데, 다음의 자료가 참조가 된다. "천자와 제후의 곽은 반드시 황장으로 만드는데, 황

하고 있는데, 조선 후기에는 황장봉산[125]으로 설정되어 특별히 관리되었다.

조선 후기 국용 목재의 조달

국용 목재 역시 봉산과 같이 미리 국가가 선점한 직속 용도림에서 조달하는 것을 원칙으로 하였다. 그런데 국용 목재의 수요가 커지면서 봉산의 산림은 매년 자라는 나무의 양보다 더 많은 수확으로 인해 황폐되어 갔다.

조선 후기에 이르러서는 봉산의 목재가 고갈되면서 조선왕조는 기둥과 보, 추녀와 같은 대경재를 제외한 일반 목재는 민간의 산림을 매입하여 생산하거나 목상이 준비한 목재를 구입하여 조달하였다.

예를 들어 조선 후기의 배경이 된 임진·병자 양란으로 경복궁을 비롯해 창덕궁, 창경궁, 종묘 등 거의 모든 건축물이 소실됨에 따라 조선왕조의 건축 경영을 처음부터 다시 시작해야 할 처지였다.

선조 말년 종묘와 창덕궁 중건으로 시작된 임란 복구 공사는 광해군 연간의 창덕궁과 창경궁의 복원 및 인경궁과 경덕궁의 건축으로 이어졌으며, 인조 연간에는 복구된 창덕궁과 창경궁의 주요 전각과 부속 시설이 다시 소진됨에 따라서 창경궁 수리를 시작하는 등 많은 관영

장이란 송심(松心)이며 그 황심은 단단하고 오랜 세월이 지나도 썩지 아니합니다. 백변(白邊)은 물과 습기에 견디지 못하고 속이 썩습니다."(『민족문화대백과사전』, 「소나무편」). 황장이란 소나무의 심재이고 백변은 변재이다.

125 『萬機要覽』 財用編五, 「松政」.

건축공사가 연이어 추진되었다.[126] 당연히 전후 복구 공사가 관영과 수도에만 한정되지 않았다. 지방 관사, 민가, 사찰에 이르기까지 수많은 공사가 전국 어디서나 추진되었다.

임란을 거치면서 해양 방어를 위한 전선 확보의 필요성은 최고조로 높아졌다. 17세기는 전례 없는 목재 수요가 발생한 시기였다. 조선왕조로서는 국용 목재를 안정적으로 확보하기 위한 현실적 대안으로 국용직속용도림인 봉산을 설치하였다.

이권형[127]은 조선시대 관영건축과 목재의 조달을 자세히 다루었다. 특히 조선 후기에 남아 있는 29개 영건의궤(營建儀軌)를 분석하여 ①목재 산지 지정[卜定], ②개인 산림[私養山] 벌채 매입, ③사상(私商) 매입, ④공인(貢人) 매입, ⑤구재(舊材) 활용, ⑥관청 비축재 활용 등으로 국용 목재를 조달하였다고 보았다.

영건의궤란 조선시대에 궁궐 또는 궁궐의 전각, 종묘와 여러 사묘(私廟), 능원(陵園)과 묘, 성곽 등을 건립·중건·이건(移建)할 때 이와 관련된 공사의 과정과 사용한 재료 및 비용 등을 정리한 책자이다. 조선 전기의 영건의궤는 아직 발견되지 않았고 조선 후기는 29종이 전해지고 있다.

조선 후기 관영 건축공사의 일반적 목재 조달 방식은 봉산과 같은 목재 산지를 지정하는 것이다. 그러나 후기로 갈수록 봉산에서는 기둥,

---

126 이권영, 「자재의 조달」, 영건의궤연구회 지음, 『영권의궤: 의궤에 기록된 조선시대 건축』, 2010, 173쪽.

127 이권영, 「자재의 조달」, 위의 책, 178~200쪽.

보, 추녀와 같은 대경목을 조달하고 기타 부재는 개인 산림에서 입목(立木)을 매입하여 벌채하거나 목상이 보유한 목재를 구입하였다. 이러한 조달 방식의 변화 원인 중 하나는 봉산의 산림황폐화로 대규모 목재 조달이 어려워졌기 때문이다.

『창덕궁영건도감의궤』로 본 대들보 조달 과정

조선왕조가 대경목을 조달하기 위하여 어떠한 과정을 거쳤는지를 잘 보여주는 사례가 있다. 1830년 창덕궁에 화재가 발생하여 대조전(大造殿), 징광루(澄光樓), 희정전(熙政殿) 등의 건물이 소실되었다. 1833년 음력 10월 27일에 공사를 시작하여 1834년 음력 9월 28일에 공사를 마치고 그해 10월에 『창덕궁영건도감의궤』를 편찬하였다.

1833년 음력 11월에 호조는 비변사에 말원경(末圓徑) 3척(90cm), 나무 길이 30척(9m)짜리 대들보로 사용할 원목 4그루를 1834년 입춘 전까지 조달할 것을 비변사에 명하였다. 나무를 벌채하면 지름이 큰 원구(元口)와 상대적으로 작은 말구(末口)가 있다. 말원경은 말구의 지름을 뜻한다.

비변사는 이 정도로 큰 나무는 삼군통제사가 관리하는 봉산에 있다고 생각하여 통제사에 대들보 4그루 조달을 명하였다. 이때 호조는 "장차 목재를 사서 베어 가져와야 하나 목재 중에 가장 큰 것들은 하나하나 사적으로 구입하기 어려우니, 사정상 마땅히 산지에서 납부[卜定]하여 취해 써야 합니다."[128]라고 하였다. 이는 19세기 초부터 관용 목재를 목상에게 조달하였다는 것을 보여주고 있으며, 다만 시장에서 구입하기 어려운 큰 나무는 예전처럼 산지에서 공물의 형태로 조달하였음을 알 수 있다.

통제사는 1833년 음력 12월 20일에 가배량 구망산에서 말원경 2.8척, 나무 길이 30척짜리 소나무 한 그루를 찾아 벌목하였다. 또한 음력 12월 22일 율포 구망산에서 말원경 2.7척, 나무 길이 30척짜리 소나무 한 그루를 찾아 벌목하였다. 두 나무는 해변가와 3리(약 1,443m)[129] 떨어져 있었는데, 인부 120명이 이틀에 걸쳐 바닷가로 운반하였다. 운반에 드는 비용은 인부 1인당 하루 3전으로, 두 나무를 운반하는 데만 144냥(10전이 1냥)이 쓰였다.

남해 현령은 음력 12월 24일 미조항진에서 말원경 2.5척, 나무 길이 30척짜리 소나무 한 그루를 찾아 벌목하였다. 같은 날 삼중산에서 말원경 3척, 나무 길이 30척짜리 소나무 한 그루를 찾아 벌목하였다. 남해 목재는 항구로부터 40리(약 19.2km) 떨어진 곳에서 벌목했고 삼중산 목재는 30리(14.4km) 떨어진 곳에서 벌목했다. 이 두 목재를 얻기 위해 각각 100명의 인부가 6일 동안 운송하였다. 산지에서 바닷가까지 두 나무를 운반하는 데 합계 360냥의 비용이 소요되었다.

---

128 국립산림과학원, 「창덕궁영건도감의궤 역주」, 『조선후기 영건의궤 편역』, 안동대학교 산학협력단, 미간행, 2018, 171~218쪽.

129 조선 후기의 1리는 312~650m라는 연구 결과를 활용하여 평균인 481m를 1리로 산출한 결과이다. 김현종, 「'大東地志', '程里考'에 기반한 조선후기의 1리(里)」, 『대한지리학회지』 제53권 제4호, 2018, 501~522쪽 참조.

큰 나무가 많은 삼도통제사 관할의 봉산조차 이런 정도의 대경목을 구하기는 어려웠다. 호조 역시 이렇게 큰 나무를 구하기 어렵다는 것을 인지하고 말원경이 2척 6촌에서 7촌 정도면 사용할 만하니 머뭇거리지 말고 빨리 베어 음력 3월 안으로 서울에 도착하도록 조치할 것을 명하였다.

1833년 음력 12월 21일에 지세포 대동산에서 규격에 맞는 나무를 베어 살펴보니 윗부분에 구멍이 뚫려서 결국 사용할 수 없었다. 삼중산(三重山)에서 벌목한 나무도 끝부분에 작은 옹이[小藤伊]가 있어 실제 말원경은 3척에 미치지 못하였다. 율포 구망산에서 벌목한 나무도 통제사가 실제 재보니 2.7척이 아니라 2.45척에 불과하였다.

삼도통제사는 1834년 입춘이 지난 음력 2월 20일에 조운선 2척에 5그루의 대들보를 실어 한양으로 보냈다. 원래는 4그루만 보내도 되는데, 기존에 벌채한 4그루 중 규격에 맞지 않는 것이 많아 피목동(皮木洞)에서 말원경 2.55척, 나무 길이 30척짜리 소나무를 추가로 벌목하였다. 이때 통제사는 "남해의 목재 한 그루는 길이가 4촌 5푼이 부족하고, 거제의 목재 한 그루는 말원경이 이전의 보고보다 작으니 비록 차원(差員) 및 비장과 장교가 분명하게 하지 못하였더라도 통제사 또한 어찌 감히 책임을 피하여 받들어 행할 수 있겠습니까? 송구함을 이길 수 없습니다."라는 심경을 밝혔다.

5그루의 대들보감 목재를 실은 조운선 두 척이 음력 3월에 한양에 도착하였다. 이때 조운선 장교에게 식량과 돈 10냥을 지급하고 조운선의 격군과 군졸 등의 양식은 왕복을 1일로 합산하여 60일 치로 계산하여 지급하였다. 남해에서 한양까지 배로 운반하는 데 한 달이 걸린다고 보고 왕복 두 달 치의 양식을 준 것이다.

1801년 수원 화성에 쓰인 대부등(大不等)의 규격은 말원경 2.2척, 길이 30척이었다. 창덕궁에 쓰인 대부등 개당 매입 가격은 12냥이었다. 수원 화성에 쓰인 대부등과 창덕궁에 쓰인 대부등의 규격이 같다고 가정할 때, 창덕궁 영건에 사용된 대들보감 목재 한 그루는 조운선의 임차 비용을 제외하고도 대부등 가격의 12배에 해당하는 141냥이었다. 말원경 9~15cm의 차이가 20배의 목재 가격 차이를 발생시켰다.

창경궁 대들보에 사용된 목재의 실제 평균 규격은 말원경 2.7척, 나무 길이 30척이었다. 현재 단위로 환산하여 말원경은 80.6cm, 나무 길이는 9m에 해당한다. 이 정도 규격의 원목을 부피로 환산하면 5.6m^3에 해당[130]하고 1m^3당 가격은 25.4냥이었다. 수원 화성에 쓰인 대부등의 규격을 부피로 환산하면 3.9m^3인데, 1m^3당 가격은 3.1냥이 된다. 나무 한 그루가 아닌 m^3당 가격으로 하면 창경궁 대들보용 목재가 화성 대부등에 비해 8.2배 정도 높았다. 대경목의 희소성이 반영되어 재적의 증가 비율에 비해 목재 가격은 더욱 크게 증가한 것이다.

2020년 5월 기준으로 우드옥션에서 거래된 국산 육송(소나무) 거래가격을 보면 현재도 이런 경향이 존재한다는 것을 확인할 수 있다. 나무 길이 9m, 말원경 45cm 문화재 보수용 특수재의 거래가격은 426만 원으로, m^3당 가격은 약 257만 원이었다. 나무 길이자 짧아지고 직경

---

130 국립산림과학원이 자체 개발한 재적추정식을 활용하여 재적을 산정하였다. 국립산림과학원, 「입목재적·바이오매스 및 임분수확표」, 국립산림과학원 연구자료 제979호. 2021.

이 작아질수록 목재 가격은 줄어든다.[131]

「국산재 원목 시장가격 동향」에서 제시한 국산 육송 1등급 가격은 225,000원인데[132], 위에서 말한 문화재용 특수재의 m^3당 가격은 1등급 목재와 비교하여 11배나 비싸게 거래되고 있다. 그루 당 가격으로 보면, 재적이 약 0.7m^3가 증가한 것에 반해 가격은 11배나 증가하였다. 그만큼 수요에 비해 대경목 공급이 부족하여 나타난 가격 차이이다. 문화재 보수용 소나무 특수재는 공급자 시장으로, 때로는 부르는 것이 값이 되기도 한다.

만약 19세기 초에 창덕궁 대들보로 사용된 목재 한 그루가 현재 시장에 나온다면 얼마에 거래될까? 현재 문화재 보수용 특수재의 m^3당 가격으로 환산하면 1,428만 원 정도이다. 그러나 이런 나무를 현재 대한민국에서 구할 수 있을까를 생각하면, 환산 가격은 실제 거래가격에 비해 턱 없이 낮은 금액일 것이다.

조선 후기 봉산과 현재 국유림의 관계

조선 후기 봉산은 송정을 구현하는 대표적 수단이었다. 봉산은 국용 전선과 조운선을 만드는 데 필요한 소나무를 안정적으로 공급하기 위해 만든 특수 용도림이었으나, 때로는 궁궐 건축과 관용 건축물을 짓는 데 봉산의 목재를 사용하기도 하였다. 조선 후기로 갈수록 산림

131 정영훈·윤현도, 「국산 육송 특대재 수급 현황 분석 및 문화재 수리의 활용에 관한 연구」, 『문화재』 제53권 제4호, 2020, 136~149쪽.

132 산림청 홈페이지 통합자료실 분기별 원목 시장가격조사 결과

은 황폐되었고 봉산의 목재공급 상황은 악화되었다. 송정의 처벌 규정이 엄해질수록 봉산 주위 백성들의 삶은 힘들어져 갔다. 봉산의 소나무숲을 보전하면서도 백성들이 소나무를 이용할 수 있는 지혜로운 대책은 끝내 만들어지지 못했다.

일제강점기에 임야의 필지와 경계를 나누고 소유권에 따라 국유림, 공유림, 사유림으로 구분하는 임야조사사업을 수행하였다. 많은 봉산은 일제강점기에 국유림으로 편입되었고, 광복 이후 현재까지도 많은 봉산이 국유림으로 관리되고 있다.

현재 우리나라 소나무숲을 대표하는 울진의 소광리 소나무숲은 조선 후기의 황장봉산이었고 현재는 울진 국유림관리소가 관리하는 국유림이다. 봉산이 모두 국유림을 유지하고 있는 것은 아니다. 조선 후기 충청도의 대표적 봉산이었던 안면도의 산림은 현재 충청남도가 도유림으로 관리하고 있다.

조선 후기 봉산의 기능이 현재도 이어지고 있다. 산림청은 목조건축 문화재 복원에 필요한 소나무를 공급하기 위하여 국가유산청과 협력하여 국유림에 문화재 복원용 소나무숲 약 680ha를 지정하여 관리하고 있다. 조선 후기 전선 제조에 필요한 목재를 봉산에서 공급했듯이 현재는 국보, 보물 등으로 지정된 목조건축 문화재의 복원에 필요한 소나무를 공급하기 위해 국유림에서 장기간 육성하고 있다.

[배재수]

2

조선시대 능·원·묘와 소나무숲

조선시대의 능원묘(陵園墓)는 묻힌 이의 절대적 지위로 인해 엄격하게 관리되어 지금까지 남아 있다. 능(陵)은 왕과 왕비, 원(園)은 왕세자, 왕세자빈, 왕의 생모, 묘(墓)는 군, 대군, 공주 등의 묘소를 지칭한다.

조선시대의 능원묘는 대한민국에 능 40기, 원 13기, 묘 64기가 있다. 북한에는 제릉(제1대 태조비), 후릉(제2대 정종)이 존재한다. 대한민국에 소재한 조선왕릉 40기는 2008년 유네스코 세계 문화유산으로 등재되었다.

고대에 크게 영향을 주고받았던 중국과 우리나라는 대체로 무덤가에 소나무를 심었다. 묘를 매일 돌볼 수 없는 자손 대신에 나무가 조상을 지켜준다는 유교적 '효' 개념으로, 무덤가에 나무를 심은 이유를 설명한다. 중국의 경우 천자는 소나무, 제후는 잣나무, 대부는 상수리나무, 선비[士]는 홰나무를 무덤가 심는다는 기록[133]이 있다. 지위에 따라 무덤가에 심는 나무를 달리 정하였는데, 소나무는 천자의 나무로 인식되었다.

우리나라 역시 삼국시대부터 묘 주변에 주로 소나무를 심었는데, 고구려 역시 무덤을 만들 때 소나무를 심었다는 기록[134]이 남아 있다. 이러한 전례는 조선시대에도 이어져 왕족과 권세가의 무덤뿐만 아니라 일반인의 무덤 주변에도 소나무를 심었다. 이런 측면에서 조선시대 능원묘와 소나무숲은 서로 긴밀히 연결되어 있었다.

김은경은 『조선왕조실록』, 『승정원일기』, 『일성록』 등 편년체 관찬 사서와 28편의 「산릉도감의궤」, 52종의 「능지(陵誌)」를 분석하여 조선 왕릉에 식재한 수종을 조사한 결과 소나무를 중심으로 잣나무, 전나무, 밤나무, 오리나무, 버드나무, 철쭉, 진달래, 상수리나무, 잡목 등이 사용되었다는 것을 밝혔다.[135] 이 중 가장 많이 심은 나무는 소나무[松木]였다.

특히 조선왕조실록의 자료를 보면, 연산군 이후 영조시기까지는 '목(木)'을 심었다고 기록되어 있는데, 이때 '목(木)'은 곧 소나무[松木]를 의미한다. 조선시대를 살던 사람들에게 나무는 곧 소나무로 인식되었다는 증거이다.

---

133 반고 저, 신정근역, 『백호통의(白虎通義)』, (소명출판, 2005).

134 『삼국사기』 「고구려본기」에는 "능 앞에 일곱 겹으로 소나무를 심었다"는 기록이, 『삼국지』 「고구려전」에도 "고분을 만들 때 돌을 쌓아 봉분을 만들고 소나무와 잣나무를 열 지어 심는다."는 기록이 남아 있다.

135 김은경, 「조선왕릉 수목식재에 관한 연구」, 국민대학교 박사학위논문, 2014.

예를 들어 1408년 태종 재위 시에 "임금이 상왕과 더불어 건원릉에 나가 동지 제를 행한 후 박자청에게 능침에 소나무와 잣나무가 없는 것은 예전의 법이 아니다. 나무가 전혀 없으니 잡풀을 베어내고 소나무와 잣나무를 심어라."라는 기록[136]이 남아 있다. 1410년에는 "창덕궁과 건원릉에 소나무를 심도록 명하였다."는 기록[137]도 있다. 현재 능원묘의 소나무숲은 역사적으로 만들어진 경관림으로 볼 수 있다.

묘지 근처에 소나무를 심은 명확한 이유를 문헌으로 확인할 수는 없다. 선행 연구 결과[138]를 바탕으로 정리하면, 풍수와 유교 이념을 바탕으로 소나무의 생물·생태적 특성이 반영된 것으로 설명할 수 있다. 왕릉을 조성할 때 지기가 부족한 땅에는 비보(裨補) 측면에서 나무를 심어 보강한다. 조선왕릉의 입지는 풍수사상의 길지 즉, 배산임수의 지

---

136 『태종실록』 권16, 8년(1408) 11월 경오(26일).

137 『태종실록』 권19, 10년(1410) 1월 경오(3일).

138 조선시대 왕릉에 소나무를 심은 이유에 대해 다음과 같은 6가지로 정리한 연구가 있다. 첫째, 음양오행 측면에서 소나무가 봉분 주위에 흐르는 음(陰)의 기운에 조화를 이루는 소양(小陽)의 목(木)에 해당한다는 점이다. 둘째, 위치와 관련하여 큰 소나무는 천년이 지나면 거북 모양이 되는데, 거북은 곧 북방을 의미하는 현무가 되니, 능원묘의 북쪽에 소나무를 심은 까닭이다. 셋째, 유교적 상징성과 관련하여 상록수로서 변치 않는 절개를 상징하고 '명당의 기둥감이요, 큰 집의 대들보감이 되는 나무 중의 나무'로 여겼기 때문이다. 넷째, 토양과 소나무의 관련성 측면에서 인위적으로 만든 봉분 위의 건조한 토양에 잘 견디는 나무이기 때문이다. 다섯째, 우리 민족의 삶 깊숙이 자리 잡았던 소나무 문화가 존재한다. 여섯째, 사시사철 푸르른 경관적인 아름다움이 중요한 역할을 하였다고 보고 있다.
김은경, 「조선왕릉 수목식재에 관한 연구」, 국민대학교 박사학위논문, 2014. 72~73쪽 참조.

형을 잘 갖춘 곳을 택하였기에[139] 나무를 심는 것 역시 풍수사상에 따라 이루어졌다.

능원묘에 나무를 심는 이유는 풍수사상에서 찾을 수 있는데, 많은 나무 중에서 소나무를 선택한 이유는 무엇일까?

무엇보다 소나무는 우리나라 전역에 분포하는 상록침엽수이다. 겨울에도 잎이 지지 않고 푸르름을 유지하는 것은 낙엽이 지고 모양을 달리하는 활엽수와 대비되어 '변하지 않는 지조'를 상징하게 되었다. 또한 봉분에 나무를 심을 경우, 상대적으로 척박한 토양과 봄철 건조에도 잘 견디는 소나무가 적응에 유리하다는 측면도 고려되었을 것이다.

다음으로 성리학적 질서를 강조하는 조선시대의 이념을 생각한다면 많은 나무 중 으뜸나무로 여겨지는 소나무를 우선하였을 것이다. 나는 조선왕조가 성리학적 이념과 질서를 추구했다는 측면에서 무덤 주변에 소나무를 심는 데 유교적 상징성이 큰 역할을 했다고 생각한다. "겨울이 된 이후에야 소나무와 잣나무의 잎이 나중에 진다는 것을 안다."는 공자의 말씀처럼, 추운 겨울 만물이 잎을 떨굴 시기에도 녹색 잎을 달고 묘소를 지켜주는 상록침엽수의 장점이 크게 반영되었다고 생각한다.

조선시대의 능원묘는 일제강점기 국유림으로 소유권이 전환되었고 흩어져 있던 능원묘를 집단화하는 과정을 거쳐 광복 이후 1954년

---

139 최종희, 「조선왕릉의 조영의도, 이념, 사상, 미의식에 관한 연구」, 『한국전통조경학회지』 제34권 제4호, 2016, 70쪽.

구왕궁재산처분법(법률 제119호)에 따라 국유화되었고, 현재는 국가유산청이 사적(史蹟)으로 관리하고 있다.

사적은 유형문화재의 하나로, 국가가 원형을 보존하여 미래 세대에 물려주어야 하는 유산이다. 즉, 능원묘의 숲, 그중에서도 소나무숲은 대표적 역사경관림으로 국가가 원형이 보존될 수 있도록 엄격히 관리하고 있다.

[배재수]

3

천연기념물과 보호수

소나무는 오랫동안 우리 국민과 함께 해온 나무이기 때문에 역사·문화적으로 보전 가치가 높은 소나무·소나무숲 자원도 전국 곳곳에 매우 많이 분포해 있다. 그 중의 소나무·소나무숲 천연기념물, 시도기념물, 보호수는 법적으로 강력하게 보호·관리를 하도록 규정되어 있는 대상이다.

우리나라에서 천연기념물 자원조사가 처음 시작된 것은 1913년 노거수 조사였으며 1933년에 보물보존령에 따라 국내 처음으로 천연기념물이 지정되었다. 현재 운영되고 있는 천연기념물 제도는 1962년 제정된 문화재보호법으로부터 시작되었는데, 천연기념물은 자연 가운데 학술적, 자연사적, 지리학적으로 중요하거나 그것이 가진 희귀성, 고유성, 심미성 때문에 특별한 보호가 필요하여 법률로 규정한 개체 창조물이나 특이 현상 또는 그것을 보호하기 위하여 필요한 일정한 구역을 말한다[140].

천연기념물은 동물, 식물, 지질·광물·지형, 천연보호구역, 자연현상으로 구분되며, 2022년 현재 천연기념물은 475건으로서 식물은 274건, 동물 102건, 지질 88건, 천연보호구역 11건 지정되어 있다.[141]

소나무와 관련이 있는 식물 대상 천연기념물의 지정 기준은 〈표 11〉과 같으며, 현재 천연기념물 중 40건이 소나무류(소나무, 곰솔, 백송 등 포함) 천연기념물에 해당한다. 소나무 천연기념물은 천연기념물 지정 초기인 1962년부터 2008년까지 꾸준히 지정되었다. 대부분 소나무 개체 또는 군(群)이며, 소나무숲은 4건(하동송림(445호), 포항 북송리 북천수(468호), 예천 금당실 송림(469호), 안동 하회마을 만송정 숲(473호))이 지정되어 있다.

천연기념물 지정 후 관리는 국가유산청에 의한 5개년 기본계획과 5년 주기 정기조사 등에 따른 주기적 관리와 지자체에 의한 현장점검, 문화재돌봄사업 지원 등의 상시적 관리 활동으로 구분된다.[142] 상시적으로 수림지와 노거수 대상 관리 현황 모니터링을 실시하고 문제가 있을 경우에는 병충해방제, 영양공급, 상처치료, 수형유지 및 수림지 관리, 안전대책을 수립하도록 하고 있다.

---

140 동물, 식물, 지형, 지질, 광물, 동굴, 생물학적 생성물 또는 자연현상으로서 역사적·경관적 또는 학술적 가치가 큰 것을 천연기념물로 함. 문화재 보호를 위하여 필요하면 이를 위한 보호구역을 지정할 수 있다(문화재보호법 제23, 25, 26조).

141 문화재청, 「통계로 보는 문화유산」, 문화재청, 2022, 212쪽.

142 문화재청, 「자연유산 보존·관리·활용 방안 마련 연구」, 문화재청, 2020, 840쪽.

표 11. 천연기념물(식물) 지정 기준

구분	지정 기준
유형	1) 노거수(老巨樹): 거목(巨木), 명목(名木), 신목(神木), 당산목(堂山木), 정자목(亭子木) 등 2) 군락지: 수림지(樹林地), 자생지(自生地), 분포한계지 등 3) 그 밖의 유형: 특산식물(特産植物), 진귀한 식물상(植物相), 유용식물(有用植物), 초화류(草花類) 및 그 자생지 · 군락지 등
지정 기준	1) 역사적 가치 가) 우리나라에 자생하는 고유의 식물로 저명한 것 나) 문헌, 기록, 구술 등의 자료를 통하여 우리나라 고유의 생활 또는 민속을 이해하는 데 중요한 것 다) 전통적으로 유용하게 활용된 고유의 식물로 지속적으로 계승할 필요가 있는 것 2) 학술적 가치 가) 국가, 민족, 지역, 특정종, 군락을 상징 또는 대표하거나, 분포의 경계를 형성하는 것으로 학술적 가치가 있는 것 나) 온천, 사구, 습지, 호수, 늪, 동굴, 고원, 암석지대 등 특수한 환경에 자생하거나 진귀한 가치가 있어 학술적으로 연구할 필요가 있는 것 3) 경관적 가치 가) 자연물로서 느끼는 아름다움, 독특한 경관요소 등 뛰어나거나 독특한 자연미와 관련된 것 나) 최고, 최대, 최장, 최소 등의 자연현상에 해당하는 식물인 것 4) 그 밖의 가치 「세계문화유산 및 자연유산의 보호에 관한 협약」 제2조에 따른 자연유산에 해당하는 것

출처: 문화재보호법 시행령 별표 1의 2.

시 · 도지정문화재는 국가지정문화재로 지정되지 않은 문화재 중 보존가치가 있다고 인정되는 것을 시 · 도지사가 지정한 문화재를 말하

그림 29. 소나무 · 소나무숲 천연기념물과 시도기념물 분포도

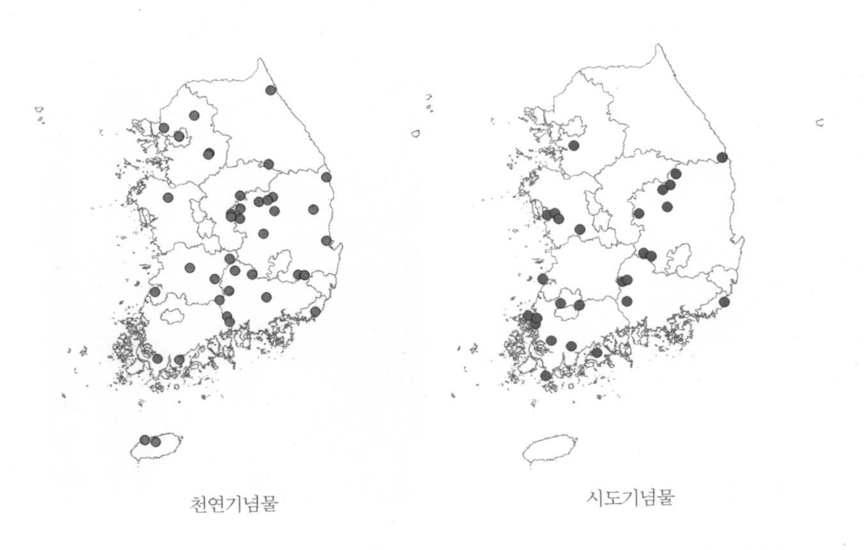

출처: 김은숙 외, 「환경변화 및 산림교란에 대응한 소나무림 보전 · 관리 전략 및 기술 개발 연구」, 국립산림과학원, 2024.

는데(문화재보호법 제70조), 이 중 사적, 명승, 자연현상에 해당하는 것 중 역사적, 학술적, 경관적 가치가 큰 것을 시도기념물로 지정할 수 있다.

2022년 현재 지정되어 있는 시도기념물은 1,760건으로서 그 중 식물 관련 항목이 165건이다.[143] 이 중 소나무를 대상으로 한 시도기념물은 개체목 22본, 소나무 임분 5개 지역(수원 노송지대, 장성 요월정원림, 장흥 부춘정원림, 해남 송호리 해송림, 부안 도청리 솔섬)이 지정되어 있다.

천연기념물과 시도기념물은 문화재보호법에 의거하며 식물을 비

143 문화재청, 「통계로 보는 문화유산」, 문화재청, 2022, 212쪽.

롯한 다양한 대물이 포함되어 있으나, 보호수는 나무만을 대상으로 하여 산림보호법에 따라 지정·보호·관리되고 있는 보호대상이다. 산림보호법 제13조에 따라 시·도지사 또는 지방산림청장이 노목(老木), 거목(巨木), 희귀목(稀貴木)으로서 특별히 보호할 필요가 있는 나무를 보호수로 지정하고 현재 있는 장소에서 안전하게 관리해야 한다.

그림 30. 울진 소광리 500년 소나무 (보호수)

출처: 저자 촬영

소나무 보호수의 선정 기준은 수령 200년, 수고 20m, 흉고직경 1.2m 이상이다. 단, 수령 100년 이상의 노목, 거목, 희귀목으로서 고사 및 전설이 담긴 수목이나 특별히 보호 또는 증식 가치가 있는 나무는 보호수 선정 규격 기준에 만족되지 않더라도 보호수로 지정할 수 있다.

보호수의 유형으로는 특성에 따라 명목(名木), 보목(寶木), 당산목(堂山木), 정자목(亭子木), 호안목(護岸木), 기형목(畸形木), 풍치목(風致木) 등이 있다.[144]

---

144 명목 : 어떤 역사적인 고사나 전설 등의 유래가 있어서 이름난 나무이거나 성현, 왕족, 위인들이 심은 것으로 알려진 훌륭한 나무.

표 12. 지역별 법적 보호 대상 소나무 · 소나무숲 현황

시 · 도	천연기념물	시도기념물	보호수
합계	36그루, 4임분	22그루, 5임분	1,765그루
서울 · 인천 · 경기	6그루	1임분	49그루
강원	2그루	-	176그루
충북	3그루	-	273그루
대전 · 세종 · 충남	1그루	4그루	168그루
대구 · 경북	9그루, 3임분	8그루	273그루
부산 · 울산 · 경남	6그루, 1임분	4그루	235그루
전북	5그루	1임분	58그루
전남	2그루	6그루, 3임분	501그루
제주	2그루	-	32그루

출처: 국가유산청 국가유산포털(www.heritage.go.kr), 산림청(www.forest.go.kr).

2022년 말 기준, 전국에 지정된 소나무 보호수는 1,756그루로, 보호수 총 13,868그루 중 약 13%에 해당한다. 보호수 관리책임자인 국유림관리소장 또는 읍·면·동장은 보호수가 건강을 유지하고 피해 보지 않도록 지속적인 관리 활동을 수행해야 한다.

[김은숙]

보목 : 역사적인 고사나 전설이 이는 보배로운 나무.
당산목 : 제를 지내는 서낭당, 산신당, 산수당에 있는 나무.
정자목 : 향교, 서당, 서원, 사정, 별장, 정자 등에 심은 나무.
호안목 : 해안, 강안, 제방을 보호할 목적으로 심은 나무.
기형목 : 나무의 모양이 정상이 아닌 기괴한 형상의 관상 가치가 있는 나무.
풍치목 : 풍치, 방풍, 방호의 효과 및 명승고적의 정취 또는 경관 유지에 필요한 나무.

4

지역주민의 삶과 소나무

지역주민의 삶과 연계된 송계림

조선왕조는 건국 당시부터 산림자원을 확보·보호하기 위한 제도적 규정과 조치를 마련하여 시행하였다.

조선 전기까지 '산림천택(山林川澤)'은 온 나라의 백성들이 이익을 나누는 땅, 곧 '일국인민공리지(一國人民共利地)', '여민공리지(與民共利地)'의 개념으로 표방되어 일정한 제한을 두되 누구나 자유롭게 이용할 수 있는 공리지(共利地) 또는 공유자원(common pool resources)으로 관리되었다.

그러나 조선 후기에 이르면서 조선왕조의 강한 정책적 의지에도 불구하고, 송정(松政)은 제대로 효과를 발휘하지 못했다. 국가적 차원의 금송(禁松)정책은 지나치게 규제 중심적이고 강력한 처벌 위주의 정책 방향을 견지하고 있었고, 적극적인 식림과 조림 사업보다는 자생하는 소나무에 대한 소극적 보호에 그치고 있었다. 또한 다양한 수종이 아닌 소나무에만 편중된 산림관리정책만이 추진되었다. 무엇보다도 산림자원의 보호와 관리에서 민간 부문의 자발적인 참여와 인센티브를 제공할 수 있는 제도와 정책적 장치들이 국가적 차원에서 제대로 시행되지 못했다.

이렇게 불완전한 산림관리정책과 더불어, 금산(禁山)과 봉산(封山)을 비롯한 모든 산림에서 도벌과 남벌이 성행하면서 산림자원은 급격하게 고갈됐다. 많은 산림이 민둥산이 되면서 중앙정부 차원에서 적절한 시기에 적정량의 목재를 확보하는 것조차도 더더욱 어렵게 됐다. 특히 전선, 병선, 사후선(伺候船), 조운선 등 관선의 건조와 보수에 필요한 목재의 확보와 조달에 상당한 차질을 빚게 되었다.

조선 후기 산림자원 확보의 문제는 중앙 및 지방 관청의 목재 수요뿐만 아니라 민간의 목재 수요까지 늘어난 것에서 크게 기인한다. 민간의 목재 수요 증가는 세곡과 상품 운송을 위한 선박 수요 증가, 염장(鹽場)[145] 설치 확대, 도시로의 인구 유입 등 여러 이유로 나타났다.[146]

조선 후기에 조운제도가 축소되고 사선에 의한 세곡 운송이 크게 활성화되면서 선재에 대한 민간의 수요가 급증하게 되었다. 이와 더불어, 상업경제가 발달하면서 상품 운반을 위한 선박 수 역시 급증했다. 또한 우리나라는 전통적으로 바닷물을 불로 증발시켜 소금을 생산하

145 염장(鹽場)은 소금을 생산하는 단위 장소를 말하는 것으로, 전통적으로 소금은 주로 자염(煮鹽)방식으로 생산했기 때문에 주변에 땔감이 풍부하여야 했다. 우리역사넷 참조.

146 김대길, 『조선 후기 우금 주금 송금 연구』, (경인문화사, 2006), 149~204쪽.

는 자염(煮鹽) 방식을 사용하였다.[147] 천일염(天日鹽)과는 달리 자염 방식으로 소금을 생산하는 경우에는 상당량의 연료가 필요하게 되는데, 이는 산림자원의 도벌과 남벌로 이어졌다.

조선 후기에 들어서면서 인구 증가와 함께, 농촌인구의 도시로의 집중 역시 주택문제, 땔감 등에 대한 수요 증가를 초래해 산림자원의 무분별한 도벌과 남벌을 촉발하였다.

이외에도 조선 후기 화전 개간, 분묘(墳墓) 등을 통해 대규모의 산림자원에 대한 사적 점유가 빠르게 진행되면서 산림자원은 급격하게 고갈되기에 이르렀다.

조선시대에는 강력한 처벌 중심의 금송정책과 함께, 개간과 분묘에 따른 임야와 산림의 사적 점유를 허용하는 정책적 모순을 안고 있었다. 특히 화전 개간은 수백 년 동안 보존되어 온 소나무, 참나무를 비롯한 귀중한 산림자원을 일거에 파괴하기 때문에 대단히 심각한 문제였는데, 조선 후기에 들어 아문(衙門), 궁가(宮家), 문중, 유민(流民)에 의해 화전 개간이 활발하게 진행되면서 산림자원은 빠른 속도로 파괴되어 갔다. 또한 분묘 설치에 따른 산림자원의 광범위한 점유는 18세기와 19세기에 산송(山訟)[148]의 급증으로 이어졌다.

산림자원의 도벌과 남벌에 대한 억제책의 하나로 정부 차원에서 실

---

147 김대길, 위의 책(경인문화사, 2006), 164~172쪽.

148 산송(山訟)은 노비송, 전답송과 함께 조선시대 3대 송사(訟事) 중 하나이며, '묘지 소송'으로도 불렸다. 한국민족문화대백과사전 참조.

시된 속전(贖錢)[149] 징수제도는 오히려 도벌과 남벌을 부추기는 기제로 작동했다. 속전을 내더라도 벌목에 따른 이익이 이를 초과하기 때문에 속전 징수는 아무런 효과를 발휘할 수 없었다. 또한 수령, 아전, 산지기 등의 농간은 속전 징수에 따른 벌목의 폐해를 가중시켰다.

조선 후기에 목재 수요가 급증하면서 목재 상인들은 수본(手本)[150]이나 관문(關文)[151]을 받아 봉산 내에서 합법적으로 벌채했으나 허가받은 수량보다 남벌하는 경우가 허다했다. 이들은 권세가, 수령, 아전, 산지기 등과 결탁하여 봉산 내에서 도벌과 남벌을 했는데, 이에 따른 산림황폐화는 더더욱 심각한 지경으로 이르렀다.[152]

이렇게 산림황폐화로 인해 일반 백성들이 자유롭게 접근 이용할 수 있는 공리지의 영역이 더욱 분할·축소되었다. 조선 초기부터 지정된 금산과 조선 후기의 봉산, 황장목(黃腸木) 봉산, 송전 등이 국가 수요 충당을 목적으로 국가 공용지로 지정되면서 공리지가 더욱 축소되었다. 봉산 주변에 거주하는 백성들은 봉산의 보호와 관리 의무를 지게 되고 각종 부세와 요역이 부과되면서 이중고를 겪고 있었다. 또한 아문과 왕실에 의한 시장 절수와 입안(立案)[153]을 통한 개간, 문중 차원에

---

149 속전(贖錢)은 중앙 및 지방 관청에 돈을 바치고 죄를 면죄 받는 것을 뜻한다.

150 수본(手本)은 조선시대 관문서로 공사(公事)에 관하여 상부나 상관에게 보고하던 서류를 말한다. 한국민족문화대백과사전 참조.

151 관문(關文)은 조선시대 동등한 관청 상호 간이나 상급관청에서 하급관청으로 보내는 공문서로, 관(關) 또는 관자(關子)로도 불렸다. 한국민족문화대백과사전 참조.

152 김대길, 앞의 책(경인문화사, 2006), 175~189쪽.

153 입안(立案)은 조선시대 개인의 청원에 따라 매매·양도·결송(決訟)·입후(立後) 등의 사실을 관청에서 확인하고, 이를 인증해 주기 위해 발급하는 문서이다. 한국민족문화대백과

서 분묘와 개간 등을 통한 광범위한 사적 점유는 공리지의 분할과 축소를 촉진시켰다.

이를 돌파하기 위한 노력으로 일반 백성들은 특정 문중이 주도하던 동계(洞契)에 하계원(下契員)으로 편입되거나 관청으로부터 산림의 점유권을 입안 받는 방법을 통해 산림자원을 확보하지 않을 수 없었다. 후자가 바로 '송계(松契)'라는 조직 운영 방식이었다.

송계는 일정 규모의 송계산(松契山) 또는 송계림(松契林)을 대상으로 지속가능한 방식으로 산림공유자원의 이용·보호·관리를 위한 자율적·자치적 조직 체계를 일컫는다.[154] 송계는 금송계(禁松契), 솔계, 소나무계, 산림계 등 여러 이름으로 불렸다. 일반 백성들은 마을 단위, 지역사회 단위로 송계를 결성함으로써 마을 공동자원으로 송계림을 이용하고 자체적으로 보호·관리할 수 있었다.

특히 힘없는 백성들에게 송계의 결성과 운영은 일정 규모의 산림에 대한 점유권과 이용권을 보장받을 수 있던 가장 유력한 방편이었으며, 마을 공동재산인 송계산 혹은 송계림을 갖는다는 것은 퇴비와 땔나무뿐만 아니라, 목재, 산전(山田) 개간, 먹거리, 묏자리, 보민(補民)에도 상당한 도움을 받을 수 있었다.

사전 참조.

154 배수호·이명석, 『산림공유자원관리로서 금송계 연구: 公有와 私有를 넘어서 共有의 지혜로』(집문당, 2018).

마을숲의 역할과 기능

과거 전통사회에서는 마을 혹은 지역사회 차원에서 마을숲을 인공적으로 조성하고 이를 관리하였다. 경남 하동 송림, 전남 광양 유당공원, 전북 진안 원반월 마을숲과 같이 전국 어디서나 마을숲들이 남아 있다.

마을숲은 우리나라의 독특한 경관 중 하나로 역사·문화·생태적 문화유산을 일컫는다.[155] 마을이나 지역사회 구성원들이 공동체 차원에서 함께 조성하고 보호하는 숲이라는 점에서 송계림 역시 마을숲의 범주에 포함될 수 있다. 마을숲은 토속 신앙적 의미와 함께 신성성을 부여받았으며, 재해 방지, 심리적 안정, 경관적 가치 등 마을구성원에게 다양한 의미를 지니며 마을 공동소유로 관리되었다.[156]

마을숲은 마을과 마을주민에게 비보풍수(裨補風水), 공동체의 역사·문화적 전통, 공간 활용 등 다양한 혜택을 제공하고 여러 역할을 수행해 왔고, 마을공동체 차원에서 지리적·생태적 생존과 보호에 기여하였다. 비보풍수로써 조성된 마을숲은 수구막이, 조산(祖山), 주산(主山), 안산(案山), 좌청룡, 우백호 등 지세(地勢)가 허약하고 지기(地氣)를 보완하기 위한 목적으로 보호·관리되었다.

과거 전통사회에서 마을은 하나의 생태계로서 그 자체의 완결성을 지향하고 있었다. 마을을 둘러싼 지세와 지기가 허약하다고 생각되면, 공동체 차원에서 마을의 풍수적 지형과 형국에 따라 적극적으로 조림

---

155 이상훈, 『이상훈의 마을숲 이야기』, (푸른길, 2022).

156 이상훈, 위의 책, (푸른길, 2022).

하여 이를 보완하려고 하였다. 이렇게 조성된 마을숲은 민간신앙의 숭배와 금기 대상으로 설정하여 마을주민들이 함께 지키고 보호할 수 있도록 하였다. 또한 마을숲은 아름다운 경관과 풍치로 마을주민에게 심리적 안정감과 만족감을 제공하였을 뿐만 아니라, 풍수해 방지, 여름철 피서지 등 실질적인 혜택을 제공하였다.

대표적인 예로, 경북 예천 금당실 송림은 비보풍수를 목적으로 '사산송계(四山松契)'를 결성하여 마을숲을 보호·관리하였다.[157]

전북 진안군 소재 마을숲을 예로 들면, 진안읍 은천 마을에서는 외부로부터 마을을 보호하고 겨울철 찬 바람을 막기 위한 방패막이로 마을숲을 조성하였다. 마령면 신동 마을숲은 전형적인 수구막이로 남풍을 막고 외부로부터 마을을 보호하기 위해, 계남 마을숲은 마을 앞 하천의 범람을 차단하기 위한 홍수방지용이자 겨울철 찬 바람을 막기 위해 조성되었다.

전남 무안군 해제면 송계(松溪) 마을은 오래전에 마을 앞에 펼쳐진 넓은 백사장에 소나무를 심어 3만여 평의 소나무숲을 형성하고 동중계(洞中契) 차원에서 보호·관리해오고 있다. 현재 소나무숲은 송동산(松洞山)으로 불린다.[158] 이 또한 해풍으로부터 마을을 보호하기 위한 수구막이 역할을 하였던 것으로 추정된다.

마을숲은 마을공동체의 역사·문화적 전통과 활동 공간으로도 활

---

157 이상훈, 위의 책, (푸른길, 2022).

158 「백창석의 마을탐방(25)-송계 8경과 400년 역사 품은 해제면 송계 마을」, 〈무안신문〉, 2005년 11월 25일.

그림 31. 마을숲의 모습

진안군 백운면 오정마을 소나무숲

진안군 백운면 내동 마을숲

출처: 저자 촬영

용되었다. 마을숲은 비보풍수의 목적으로 조성되었으나, 당산제, 돌탑제, 거리제 등 여러 공동체 제의와 마을축제와 연계되어 있었다. 당산제는 숲 신앙의 일종으로 마을숲이 갖는 신성성과 신앙성을 강화하는 방안이었으며, 마을의 방재와 복을 기원하였다.

마을숲은 민간신앙의 숭배 대상이거나 금기의 대상으로 설정되어 마을주민들이 함께 지키고 보호할 수 있도록 하였다.

진안군 소재 마을숲을 예로 들면, 진안읍 원반월에서는 마을공동체 차원에서 마을숲에 신성성과 신앙성을 부여하여 소나무 가지조차 마을숲 밖으로 가져나갈 수 없으며, 마을숲 내에서 당산제(堂山祭)를 지내고 있다.

부귀면 하수항 마을 입구에는 화재 방지 등 마을 안녕을 위한 민간신앙의 상징물로 돌탑이 설치되어 있으며 매년 정월대보름날 석신제

그림 32. 마을숲과 마을공동체 모습

진안군 마령면 원강정 마을 당산제

진안군 진안읍 원반월 마을숲

진안군 진안읍 은천마을 거북상

부귀면 하수항마을 돌탑

출처: 이상훈 제공(왼쪽 위 사진), 저자 촬영(왼쪽 아래, 오른쪽 위, 아래 사진)

(石神祭)를 지내고 있다. 진안읍 은천 마을숲에서는 화재를 막기 위한 민간신앙의 상징물로 돌거북상을 모시고 매년 거북제를 지내고 있다.

과거 전통사회에서 마을숲은 마을주민들이 하나의 공동체로서 이를 소유하는 총유의 형태였으며, 공동체 차원에서 산림자원을 이용하는 특수지역권을 행사하는 대상이었다. 하지만 「지방자치에 관한 임시 조치법」(1961년)에 따라 마을 소유, 읍·면소유에서 시·군소유, 도소유로 전환되면서 마을숲은 마을공동체와 마을주민에게서 분리되었는데, 이는 특수지역권과 총유재산권을 침해한 것으로 해석될 여지가 있다.

많은 마을에서 마을숲이 마을공동체와 마을주민으로부터 분리되면서, 이들의 관심 대상에서 멀어지게 되었고 제대로 관리되지 않은 채 방치되거나 무분별하게 사라지고 있다. 2023년 7월 진안군 현장 조사를 실시했을 때 백운면 내동 마을숲에 경운기나 농기구, 농업용품 등이 무분별하게 방치되거나 투기되어 있었다.

부귀면 하수항 마을숲은 여름철 피서객이 찾는 곳으로 진안군에서 이를 관리하였으나, 피서객 감소로 쓰레기가 투기되는 등 관리와 경관 정리가 제대로 되지 않은 채 전형적인 '공유지의 비극'이 발생하고 있었다.

송계림의 역할과 기능

마을숲 못지않게 송계에서 보호·관리해 오던 송계림 역시 공동체와 지역주민들에게 지역 단위에서 송계림과 산림공유자원의 지속가능성 기여, 공동자산으로서 지역사회와 지역민의 복지 기여, 지역적·역사적 정체성의 형성·강화, 전통 민속지식의 전승 기여 등 다양한 혜택을 제공하고 여러 역할을 담당해 왔다. 기층민 주도로 결성·운영되던 송계는 마을 주변 임야와 산림자원의 지속 가능한 이용과 보호 관리에 성공적이었던 것으로 평가된다.

구한말과 일제강점기 동안 임야조사사업에 참여했던 조사원들의 보고에 따르면, 당시 송계가 관리했던 마을 주변 산림은 대체로 울창하고 임상이 매우 좋았다고 한다. 조선 후기 소빙기에 따른 기후변화, 인구 증가, 상업경제 발달, 도시 성장, 온돌 보급 등 산림자원의 수요 증가로 인해 산림공유자원이 급속도로 파괴되던 와중에서도 '송계'라는 산림공유자원의 자치적·자율적 보호와 관리 방식은 산림자원의 지속가능성에 상당한 기여를 하였던 것으로 판단된다.

송계림은 공동체의 공동자산으로 지역사회와 지역민의 복지에 이바지하였다. 과거 전통사회에서 송계림은 퇴비와 연료의 공급처로서 지역사회와 지역민의 생존과 번영에 직결되는 사안이었다. 송계림에서 개간으로 경작지를 늘리거나, 산림 안에 자생하는 산나물, 약재 등을 생산하거나, 소나무의 부산물이나 산림 안의 풀 등을 퇴비로 활용하였다. 특히 1970년대 이후 화학 비료의 대량 보급 이전에는 농업 생산량 증대를 위한 퇴비용 풀은 중요하였다.[159]

국가의 금벌(禁伐)정책 또는 금산(禁山)정책과 더불어, 온돌 보급에 따른 생활용 땔나무의 수요 증가로 소나무의 상업적 가치가 크게 부각되었다.[160] 소나무는 건축 목재로서 뒤틀림이 적고 송진이 있어 비나 습기에 강한 특징을 지닌다. 사계절이 뚜렷한 우리나라의 소나무는 외국 소나무보다 송진의 질과 양이 뛰어나 건축재로서 가치가 뛰어나고,

---

159 배수호, 『진안군 중평(中坪) 마을공동체: 공동체 원형을 찾아서』, (성균관대 대동문화연구원, 2022).

160 한정수, 「조선 태조~세종 대 숲 개발과 重松政策의 성립」, 『사학연구』 제111호 2013, 41~81쪽.

송계림에서 나오는 땔감은 난방 연료로서도 유용하였다.[161] 특히 송진이 뭉친 관솔은 등불이나 촛불을 대신하는 조명으로 활용되었으며, 일제강점기 관솔에 대한 대대적인 징집이 이루어지기도 하였다.[162]

송계와 송계림 또한 공동체와 지역주민의 공존과 상생에 크게 이바지하였다. 송계림에 개간을 통한 토지 경작, 버섯·산나물 등 각종 임산물 채취, 목재 및 땔감 판매 등을 통한 수익 사업은 단순히 경제적 수익 창출에만 그치는 것이 아니라, 마을공동체 제의 및 축제, 후속세대의 교육, 경로 실천 등 주요 현안에 대응하고, 전답 등 마을 공동자산 확보, 공동납세 대응 등으로 이어지게 하였다.

송계와 송계림은 지역적·역사적 정체성 형성·강화 및 전통 민속지식의 전승에도 크게 기여하였다. 송계는 공동체 구성원에게 지역적·역사적 정체성을 심어주고 강화하였으며, 송계 차원에서 지속가능한 보호와 관리 활동을 통해 송계림 내 산림자원에 대한 전통적인 민속지식과 생태지식을 전승하고 발전시키는 데 이바지하였다.

생태지식의 세대 간 전승과 더불어, 구성원의 인적 구성, 사회경제적 배경 등 지역사회의 특수성과 결합하여 해당 지역만의 독특한 민속문화와 민속지식을 형성하였다. 지역 단위의 조림사업 및 산림관리에 있어 지역민들은 민속지식과 경험지식에 근거하여 산지의 토지 유형이나 수종의 가치나 구성에 대해 전문적인 식견과 생태적·경험적 지

161 김동진, 「15~19세기 한반도 산림의 민간 개방과 숲의 변화」, 『역사와 현실』, 제103권, 2017, 77~118쪽.

162 정동주, 『늘 푸른 소나무: 한국인의 심성과 소나무』 (한길사, 2014).

식을 보유하고 있었다.

그럼에도 불구하고 과거 전통사회에서 송계림의 보호와 관리에서 송계는 몇 가지 근본적인 한계를 지녔던 것으로 파악된다. 무엇보다도 공적 제도와 기능 미비를 들 수 있겠다. 소규모 지역 단위에서 송계 조직의 결성과 활동은 더 광범위한 규모의 산림공유지를 보호·관리하는데 뚜렷한 한계를 지니고 있었다.

대규모 산림지와 산림자원에 대한 통합적인 보호와 관리를 위해서는 결국 공공기관과 공적 제도의 역할이 요청될 수밖에 없었다. 하지만 전근대 사회에서 공공부문의 역할과 역량은 충분하지 못하였고, 공적 제도와 기능의 미비로 인해 산림공유지의 파괴와 손실로 이어진 측면이 없지 않았다. 대체로 송계가 작은 규모의 산림자원과 송계림의 공동성(공유성) 측면에서 크게 이바지하였을지라도, 산림관리의 공공성으로까지 확장·확보하는 데서는 한계를 띨 수밖에 없었다.

조선 후기 공적 제도와 기능의 미비는 빈번하게 산송(山訟) 형태로 나타났다. 조선시대 3대 송사에 노비송, 전택송과 함께 산송이 포함될 만큼 상당한 사회적 비용을 초래하고 있었던 것이다. 이러한 갈등은 개인과 개인, 개인과 송계, 송계와 송계, 송계와 관 등 다양한 형태로 산송이 빈번하게 발생하면서 상당한 사회적 비용과 부작용을 초래하였다. 지역이기주의, 문중이기주의를 넘어 공공이익(public interest)과 공공복지(public welfare)로 이어지지 못하였던 것이다.

이와 더불어, 송계 조직의 배타성을 들 수 있겠다. 마을공동체라는 일정 범위 내에서는 송계를 통한 마을구성원의 참여가 열려 있었으나,

외부 조직이나 외부인에게는 송계림과 산림자원에 대한 접근과 이용에 상당한 제약을 두었다.

계원의 승계나 가입, 산림공유지를 통한 수익배분 등에서도 마찬가지였다. 또한 인접한 송계 간 송계림의 경계가 나름대로 명확하게 설정되어 있어 송계 간, 마을 간 배타성 역시 존재하였다. 이를 사회자본(social capital)의 관점에서 보면, 결속형(bonding) 자본 수준은 높게 나타났지만, 가교형(bridging)과 연계형(linking) 자본 수준은 상당히 낮았던 것으로 추정된다.

이는 결국 산림자원의 공동성(공유성)을 뛰어넘어 공공성의 확보로까지 나아가지 못했다는 것을 의미한다. 더욱 심한 경우, 공동체 차원에서 공동으로 산림자원의 보호와 관리가 제대로 이뤄지지 못한 지역에서는 산림공유지의 파괴와 분할로 심각하게 나타났다.

[배수호]

제5장

'늘 보는 나무'가 된 소나무

1

소나무는 어떤 나무?

소나무는 우리 주변에서 가장 많이 찾아볼 수 있는 나무이다. 항상 푸른 잎을 달고 있어서 겨울에도 잘 알아볼 수 있다.

소나무는 상록침엽수로서 전 계절에 잎을 달고 있기 때문에 지속적으로 광합성 활동을 하며, 주요 생장 활동은 일반적으로 4월에서 11월 사이에 진행된다. 4월에 수꽃이 피고 송홧가루가 날리기 시작한다. 이와 함께 신초(새로 난 가지)가 자란다.

5월에 신초 끝에 암꽃이 생성되며 새잎이 왕성하게 자라기 시작한다. 당년도 새잎은 9월까지 지속적으로 생장하며, 10월이 되면 이전 연도에 발생한 잎이 갈변되면서 떨어진다. 작년에 암꽃이 피었던 자리에서 5월부터 솔방울(구과)이 본격적으로 생장하기 시작하여 11월에 솔방울 성숙이 완성된다.

우리는 이러한 소나무의 계절적 변화를 우리 생활공간 주변에서 직

그림 33. 소나무 생장의 계절적 변화

출처: 국립산림과학원

접 보고 경험하면서 살아왔고, 이 때문에 소나무는 우리에게 매우 친숙한 수종으로 자리매김되어 있다.

소나무(*Pinus densiflora Sieb*. et Zucc.)는 최대로 높이 35m, 가슴높이

지름 1.8m 정도까지 자랄 수 있다. 대부분의 나자식물은 정아지(나무꼭대기에서 나온 가지)가 측지(측면에서 나온 가지)보다 빨리 자라는 정아 우세 현상(옥신 계통의 식물호르몬에 따라 조절)에 따라 원추형(원뿔 모양)의 수관을 유지하는데,[163] 소나무도 역시 일반적으로 그러한 특징을 보인다.

소나무 정아에서 발생하는 신초의 생장이 수고의 생장이 되며, 일 년에 한 마디씩 자라는 소위 '마디 생장'을 한다. 지속적인 정아 중심의 수고생장을 하는 소나무는 결국 다른 나무보다 높은 위치에서 수관을 펼쳐 다른 나무의 수고생장을 억제하며 보다 우세한 위치를 차지한다.

소나무는 지역과 입지 특성에 따라 다양한 모습으로 자라는데, 구불구불 휘어서 자라거나 매우 곧고 통직하게 자라기도 한다. 원추형의 곧은 형태로 어느 곳에서든 비교적 일률적인 모습으로 자라는 낙엽송, 잣나무, 전나무 등 다른 침엽수와는 다른 특징을 보인다. 서울 남산의 소나무는 매우 구불구불하게 자란다. 강원도와 경상북도 지방의 소나무는 줄기가 매우 통직하게 자라며 적갈색의 매끈한 수피를 갖고 있어 특별히 금강소나무(*Pinus densiflora* for. erecta)로 별도로 명명하기도 하였다.

'왜 지역마다 소나무의 모습이 다를까?', '이를 유형화할 수 있을까?' 1928년 우에키 박사는 이런 질문에 처음으로 답하였다. 그는 전국의 소나무를 지역에 따라 6개의 유형(동북형, 금강형, 중부남부평지형, 위봉형, 안강형, 중부남부고지형)으로 구분[164]하였다.

---

163 이경준, 『수목생리학(전면개정판)』, (서울 : 서울대학교출판문화원, 2021), 555쪽.

164 Uyeki, H. 1928. On the physiognomy of *Pinus densiflora* growing in Korea

그림 34. 다양한 형태로 자라는 소나무숲

서울 남산 소나무숲

평창 대관령 소나무숲

안동 제비원 소나무숲

경주 흥덕왕릉 소나무숲

출처: 국립산림과학원

동북형은 함경남도, 강원도 일부 지역에 분포하고 있고 형태적으로 줄기는 곧게 올라가고 가지나 잎이 무성한 부분인 수관은 달걀 모양으로, 나무의 첫 가지가 땅과 가깝게 달리는 특성이 있다.

---

and silvicultural treatment for its improvement. Bulletin of the Agricultural and Forestry College, Suigen, Chosen No3. p 263.

금강형은 금강산, 태백산을 중심으로 분포하고 있고 줄기가 곧고 수관은 가늘고 좁으며 나무의 첫 가지가 땅과 떨어져 달리는 특성이 있다. 특히, 금강형은 금강소나무, 금강송, 춘양목으로 불리기도 하며, 재질이 우수하여 목재 가치가 높은 것으로 평가된다.

중부남부평지형은 서해안 일대에 분포하고 있으며, 줄기가 굽어 있고 수관이 넓고 금강형처럼 나무의 첫 가지가 땅과 떨어져 달리는 특성이 있다.

위봉형은 전라북도 완주군 위봉산을 중심으로 분포하고 있고 젓나무 모양처럼 수관이 좁고 줄기 생장이 저조한 특성을 나타낸다.

안강형은 울산을 중심으로 분포하며 줄기가 매우 구불구불하고 수관은 위가 평평하며 수고가 낮다.

중부남부고지형은 중부지역을 중심으로 수관의 형태가 금강형과 중부남부평지형의 중간형인 것으로 구분하였다.

지역적인 소나무의 생장 특성 차이가 왜 발생하는가에 대해서는 아직 명확한 연구 결과가 나오지 못했는데, 형태가 다른 소나무가 유전적으로 다른 소나무인지 아니면 환경적 요인에 의해 다르게 자라는 것인지 증명한 연구 결과는 있다.

앞서 3장에서 언급했듯이 국립산림과학원이 DNA 마커를 이용하여 전국에 분포하는 소나무 집단을 대상으로 유전다양성 연구를 수행한 결과, 우리나라 소나무는 지역(집단) 간 차이가 1.4%였다. 즉, 금강소나무를 비롯하여 우리나라 전국의 소나무는 지역에 따라 모습이 다를

지라도 유전적 차이는 거의 없었다는 의미이다.[165]

유전적 요인이 아니라면 소나무 생장에 영향을 주는 환경적 요인은 무엇일까? 적설량이 많은 강원·경북지역에 분포하는 금강소나무가 생장 초기에 수분공급이 충분하여 생장에 도움을 받았다는 주장, 역사적으로 금강소나무가 조선시대 봉산으로 지정되어 오랜 기간 국가의 보호를 받은 결과로 곧은 우수한 나무들이 남겨졌기 때문이라는 주장[166] 등도 있다.

소나무의 생장 형태에 영향을 줄 수 있는 요인으로 타 침엽수보다는 약한 정아 우세 특성, 수령, 임목밀도, 지역별 토양 상태, 상대습도, 기온 차이 등을 검토해 볼 수 있다. 또한 소나무는 다른 침엽수종보다 생육 가능한 입지 조건의 범위가 (매우 척박한 곳에서 비옥한 곳까지) 상당히 폭넓기 때문에 다양한 외부 환경조건에서 생존하기 위한 적응의 형태로 이러한 생장 형태의 다양성이 발생하는 것이 아닐까 추론해 볼 수도 있다.

외부 환경조건에 대응한 소나무의 생존과 생장 전략에 대한 이해를 위해서는 추가적인 많은 연구가 필요하다.

[김은숙]

---

165 Ahn J.Y., Lee J.W. and Hong K.N. 2021. Genetic diversity and structure of *Pinus densiflora* Siebold & Zucc. Populations in Republic of Korea based on Microsatellite markers. Forests 12, 750, 1-14.

166 전영우, 『우리가 정말 알아야 할 우리 소나무』, (현암사, 2004), 416쪽.

2

소나무숲의 과거와 현재

지질시대부터 역사시대의 한반도 소나무숲

소나무가 한반도에 자리잡은 것은 우리가 생각할 수 있는 시간적 범위보다 훨씬 오래되었다. 소나무속은 한반도에 중생대 백악기(기원전 1억 4,500만 년~기원전 6,600만 년)에 등장하여 현재까지 널리 분포하고 있다.[167]

선사시대에는 불을 이용하고 정착생활을 하면서 숲의 이용과 훼손이 커졌는데, 특히 신석기시대 이후 농경 생활을 하면서 산림 벌채를 통한 자연식생의 간섭이 가속화되었다.

삼국시대와 고려시대에도 경작지를 넓히기 위한 적극적인 자연식생 간섭이 계속되었는데, 고려시대에는 연료와 개간으로 나무를 벌채

167 공우석, 『우리 식물의 지리와 생태』, (서울: 지오북, 2008), 335쪽.

하는 대신 산에 소나무 등을 심으면서 마을 주변에 소나무숲 경관이 형성되었다.

조선시대 초기에는 늘어난 인구를 부양하기 위한 농지 확대 정책이 도입되었고 이를 위해 상당히 넓은 산지가 개간되면서 자연식생은 점차 면적이 감소한 한편, 나라에 필요한 목재와 묘지를 보호하기 위해 소나무숲을 보전하기 위한 정책이 꾸준히 계속되었다.[168]

조선시대에는 소나무를 제외한 다른 나무들은 잡목으로 취급하고 소나무를 선택적으로 보호하기 위한 정책이 적극적으로 시행되어, 이러한 시대적 배경에 따라 한반도 산림에서 소나무의 상대적인 비중이 점차 증가되었다.

조선 후기 당시, 조선시대 소나무숲 육성 정책, 산림의 과도한 이용과 교란으로 인한 황폐화 등으로 우리나라 산림에는 어린 소나무 임지가 가장 넓게 분포해 있었다.

1910년, 일제가 제작한 최초의 근대 산림지도인 〈조선임야분포도〉에 따르면, 남한지역 산림의 입목지(성림지+치수발생지) 내에 소나무숲 면적은 약 78%로 사실상 소나무가 대부분을 차지하고 있었다고 볼 수 있으며, 전체 소나무숲 중 19% 만이 성림지였고 81%가 치수림(어린나무)인 상태였다.[169]

이후 일제강점기와 6·25전쟁을 거치며 더욱 척박해진 토양에서

---

168 공우석, 위의 책, (서울:지오북, 2008), 335쪽.

169 배재수·김은숙·장주연·설아라·노성룡·임종환, 「조선후기 산림과 온돌」, 국립산림과학원 연구신서 119호, 2020, 106쪽.

그림 35. 1910년 기준 한반도 산림분포 현황

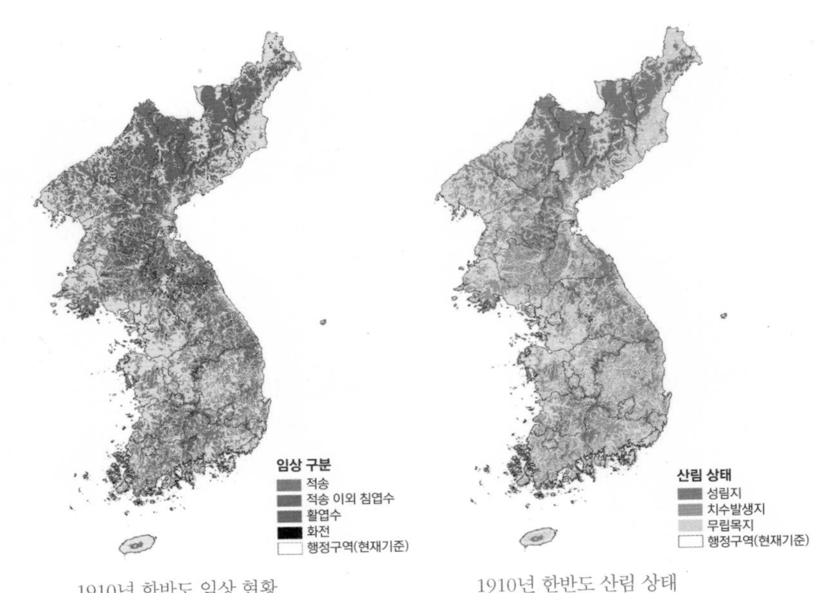

1910년 한반도 임상 현황 1910년 한반도 산림 상태

출처: 배재수 외, 『조선후기 산림과 온돌』, 국립산림과학원, 2020.

소나무가 지속적으로 자생하였고, 1970년대가 되어서야 본격적인 산림보호와 관리 활동이 이루어지면서 황폐하고 어린 숲이 성장했다. 그 과정에서 소나무숲이 다른 수종으로도 전환되기도 했다.

현재 입목지 대비 소나무숲 면적 비율은 27%로 이전보다 상당히 감소하긴 했지만 1910년 대비 소나무 성숙림의 면적은 3배 정도 증가했다. 현재 소나무숲 대부분(96%)은 과거부터 이어져서 자연적으로 생육하고 있는 천연림이고 지금도 자연적인 과정에 의해 변화 과정을 겪고 있다.

오랜 시간 동안 소나무는 과거부터 현재까지 우리나라 산림생태계의 가장 주요한 구성요소로 자리매김해 왔으며, 현재의 산림생태계에 가장 많은 비중을 차지하고 있는 제1수종이다. 산림훼손지, 급경사지, 험준지 등 척박한 곳에서도 잘 자라는 소나무의 특성이 산림생태계 회복과 유지 역할을 수행했다.

현재 우리나라 소나무숲의 지역적 현황과 입지 특성

우리나라 소나무는 전국 산림에서 단일수종으로 가장 넓은 면적을 차지하고 있다. 전국 산림 내 소나무류(소나무, 곰솔)의 면적은 약 153만 ha(입목지 대비 약 27%)이며, 대부분(96%)는 천연림이고 4%가 인공림으로 조성·관리되고 있다. 전체 소나무숲의 연령대는 31~50년생(4~5영급)에 집중적으로 분포(81%)해 있다.

남한지역에서 소나무숲은 경북(대구), 경남(부산, 울산), 강원 순으로 넓게 분포하고 있다. 시·군·구 단위 행정구역 전체 면적 대비 소나무숲 면적 비율을 보면, 경북 울진에 소나무숲이 가장 많고 통영, 안동, 의령, 고성(경남) 등 경북과 경남 지역에 많이 분포해 있다.

산림지역 내 소나무숲 면적 비율은 충남 태안이 가장 높은데, 태안은 전체 산림면적의 약 79%가 소나무숲이 차지하고 있다.

면적과 비율이 높은 울진 금강송, 태안 안면송 지역은 역사적으로도 오랜 기간 동안 소나무숲이 집중적으로 보전·관리·이용되어 온 소나무숲의 핵심 지역이다.

소나무가 자라는 입지 특성을 좀 더 세부적으로 들여다보면 다음과 같다. 우선 한반도 남한지역은 전반적으로 소나무가 잘 자라는 기후대에 속한다. 그리고 소나무는 그늘에서 자라지 못하는 양수(陽樹, shade intolerant tree)이므로 세밀한 규모의 입지에서는 햇빛 유무가 생육에 매우 중요한 요건이다.

또한 소나무는 균근균과의 공생을 통해 다른 수종보다 영양분이 적고 건조한 지역에서도 잘 적응하는 특징이 있어 광조건만 만족이 되면 토양 내 영양분과 수분 상태에 크게 구애받지 않고 잘 자란다. 이러한 특징에 따라 천이 초기 또는 훼손·교란지역의 산림생태계 개척수종으로서 자리 잡으며 숲을 이루어왔다.

그림 36. 전국 소나무숲 분포

출처: 김은숙 외, 「산불과 소나무림」, 국립산림과학원, 2022.

시간 경과에 따라 다른 수종과의 생존 경쟁을 하는데 토양이 비옥한 지역에서는 타 수종과의 경쟁이 이루어지고, 그렇지 않은 지역에서는 소나무가 경쟁의 우위에서 임지 내에서 지속적으로 유지된다. 이 과정에서 소나무와 타 수종 간의 입지 특성이 구분되는 경향이 있다.

그림 37. 광역시 · 도별 소나무숲 면적 현황

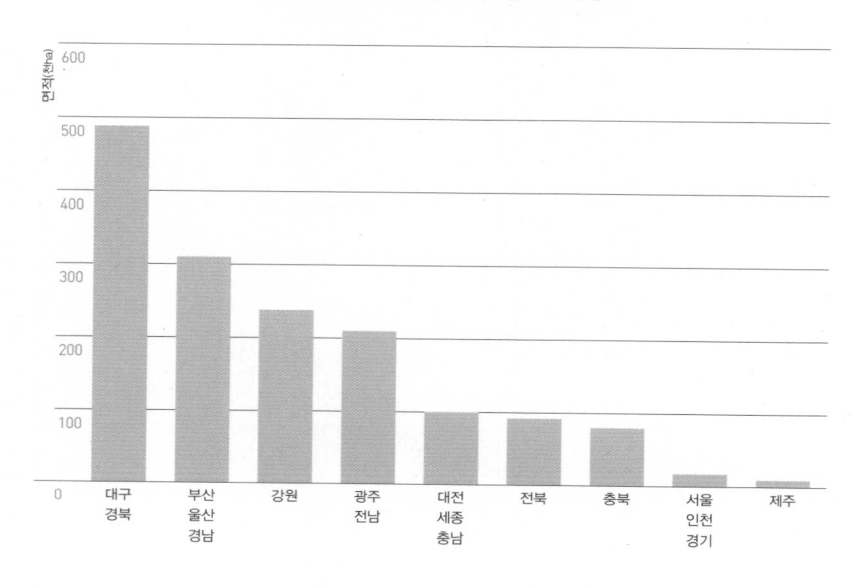

출처: 김은숙 외, 「산불과 소나무림」, 국립산림과학원, 2022.

산림 공간 내에 함께 생육하고 있는 교목성 수종의 상대적 분포와 입지 특성을 비교해 보기 위해 소나무림 밀도가 높은 강원 영동·울진 7개 시군(고성, 속초, 양양, 강릉, 동해, 삼척, 울진) 산림의 수종별 특성을 비교·분석했다. 이 지역들은 봄철 양간지풍 발생에 따라 대형산불 위험이 있는 지역으로 소나무숲 관리 및 산불 복원 모색의 관심이 높은 지역이기도 하다.

임상도를 이용해서 본 이 지역의 소나무, 신갈나무, 굴참나무의 평균적인 서식지 특성은 고도와 사면에 따라 분할되어 있으나, 실제로는

그림 38. 시 · 군별 소나무숲 분포 특성

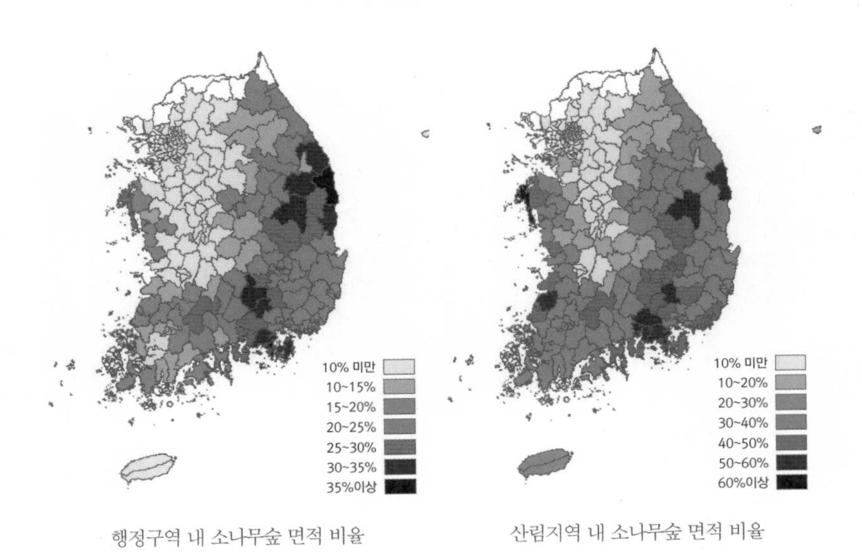

출처: 김은숙 외, 「산불과 소나무림」, 국립산림과학원, 2022.

상당 부분 특성이 겹쳐 있는 지역 또한 있었다.

위 지역의 소나무숲 분포지 평균 해발고도는 317.6(±233.6)m, 신갈나무는 696.6(±260.6)m, 굴참나무는 519.9(±239.6)m로, 전반적으로 소나무는 저고도, 신갈나무와 굴참나무는 고고도 지역에 분포하고 있다.

분포역은 해발고도 300~700m 사이에서 상당 부분 겹치는데, 해당 해발고도 내에서 소나무는 주로 남서사면, 신갈나무는 주로 북동사면을 중심으로 분포하는 경향을 보인다.

굴참나무는 해발고도나 사면향이 소나무와 신갈나무의 중간 정도

그림 39. 강원 영동 · 울진 소나무, 신갈나무, 굴참나무의 서식지 특성

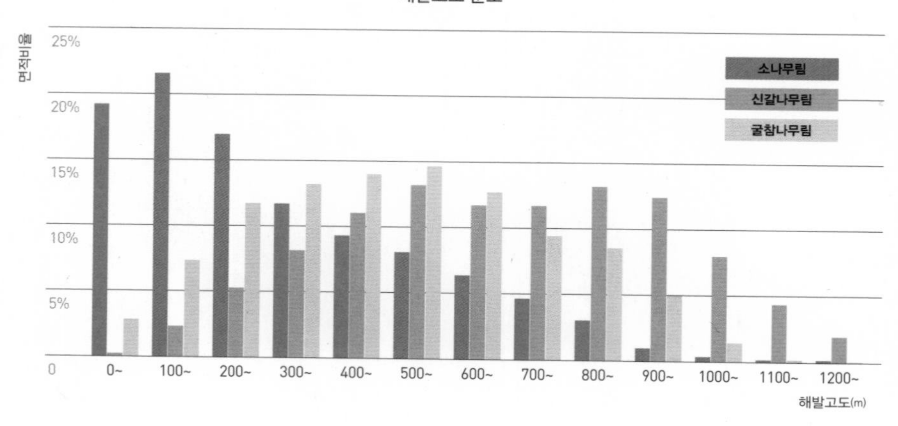

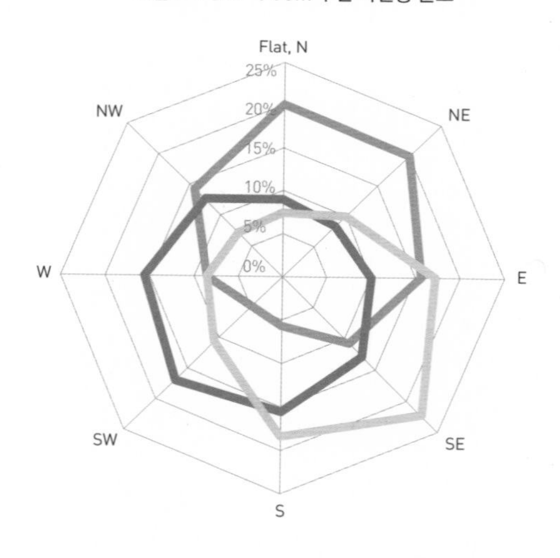

출처: 이창배 외, 『산불관리의 과학적 근거』 (지을, 2023).

의 특성을 보인다. 이에 따라 소나무와 굴참나무의 분포역이 상당 부분 중복되는 지역이 있는데, 이 지역에서는 자원(빛, 수분 등)을 두고 두 수종 간의 경쟁이 치열할 것으로 예상된다.

관련된 예로, 산불이 발생하고 난 후 산불피해지가 자연적으로 복원되는 경우 토양의 비옥도에 따라 복원되는 숲의 종류가 달라지는데, 해안 지대의 척박한 곳, 능선이나 서사면쪽은 소나무림, 내륙 쪽의 비옥한 곳은 참나무류가 자리잡을 가능성이 높으며, 이는 각 수종이 선호하는 입지 특성과 상대적인 경쟁력 차이에 따른 결과로 볼 수 있다.

[김은숙]

3

소나무숲의 자연적 변화와 환경 교란

산림생태계 내에서 소나무숲의 자연적 변화

과거 황폐한 우리나라 산지에서 가장 잘 생육했던 소나무는 현재 참나무류와의 경쟁에 따라 분포 면적이 감소하고 있다. 오랜 기간 동안 한반도 전역에 소나무가 자리를 잡고 있었지만, 우리나라 산림토양의 질이 점차 향상됨에 따라 소나무가 참나무류와의 생존 경쟁에서 밀리게 되면서 침엽수림이 감소하고 활엽수림이 증가하는 변화가 진행되고 있다.

국가 통계에 따르면, 소나무숲을 포함한 침엽수림은 1980년에는 전국 산림의 51.6%를 차지하고 있었으나 2015년에는 38.5%까지 감소했다. 반면, 참나무류 포함 활엽수림은 동일 기간 내 18.2%에서 33.4%로 증가했다.

제3차 국가산림자원조사 자료(1980년대 후반)와 제5차 조사(2010년대

그림 40. 강원 · 경북지역 소나무류 변화 특성

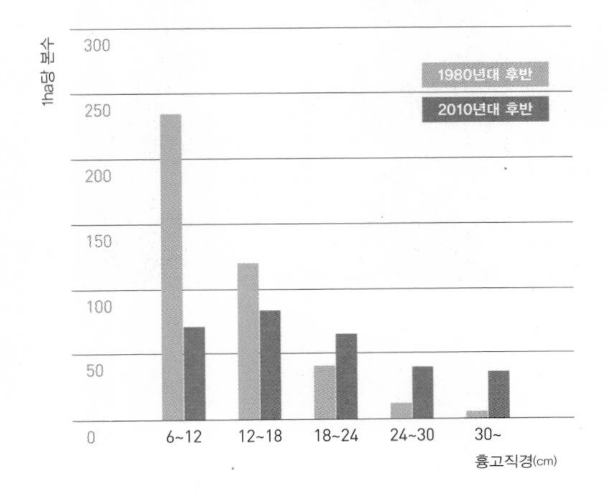

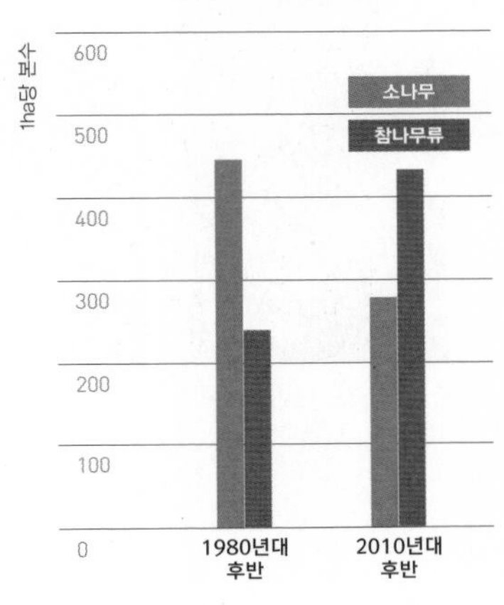

출처: 김은숙 외, 「산불과 소나무림」, 국립산림과학원, 2022.

후반) 자료의 비교 결과에 따르면, 소나무숲이 가장 집중적으로 분포해 있는 강원·경북 지역의 경우 지난 약 30년 동안 소나무 작은 나무(소경목) 비율이 급격히 감소한 것으로 나타났다. 작은 나무 감소에 따라 소나무의 미래 지속가능성이 점차 감소하고 있다고 볼 수 있다. 소나무 본수는 감소한 반면, 참나무류 나무의 본수는 그만큼 증가했다. 이처럼 강원·경북 지역도 산림생태계의 자연적 변화 과정을 겪고 있다.

소나무숲의 자연적 감소 추세를 전국적으로 파악하고 미래의 변화를 예측하기 위해, 동일한 표본점에 대한 변화조사가 수행된 시계열 국가산림자원조사 자료(2006~2010년 조사 vs. 2016~2020년 조사)를 이용하여 전국 산림에서 지난 10년 동안의 소나무숲이 자연적으로 어떤 변화

그림 41. 소나무와 참나무류의 생육 경쟁(서울 남산)

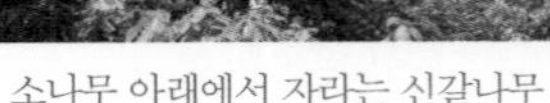

소나무 아래에서 자라는 신갈나무

소나무와 신갈나무의 빛 경쟁

출처: 저자 촬영

를 겪었는지 그 특성을 분석했다.

그 결과, 지난 10년 동안 전국 산림 표본점에서 소나무류의 중요치는 전반적으로 감소했는데, 소나무 순림[170]인 지역이 10년 후에도 순림으로 유지된 비율은 75%, 나머지 25%는 혼효림으로 전환된 것으로 나타났다. 소나무 혼효림[171] 역시 70% 내외에서 중요치 등급이 유지되고 중요치가 전반적으로 낮아지는 것으로 나타났다.

소나무 주요 생육지역(순림과 혼효림)에서의 소나무류 중요치 감소 현상은 지역적으로 차이가 있는데, 전남, 제주, 전북, 충남 등이 중요치 감소량이 크게 나타났고, 경북, 충북, 경기, 경남 지역의 감소량이 상대적으로 적었다. 주로 서해 남부지역 및 제주 지역의 변화가 크게 나타

170 전체 수종 중 소나무류의 상대 중요치(흉고단면적합 기준)가 75% 이상인 지역.

171 전체 수종 중 소나무류의 상대 중요치가 25~75%인 지역.

그림 42. 소나무 순림 · 혼효림의 소나무류 중요치 감소

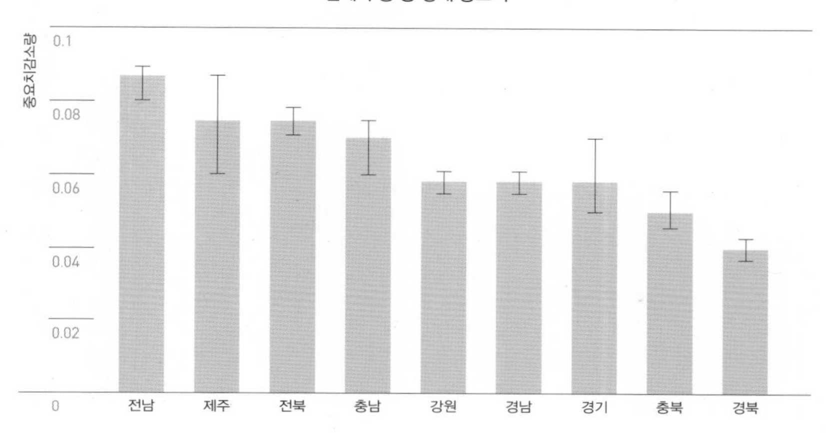

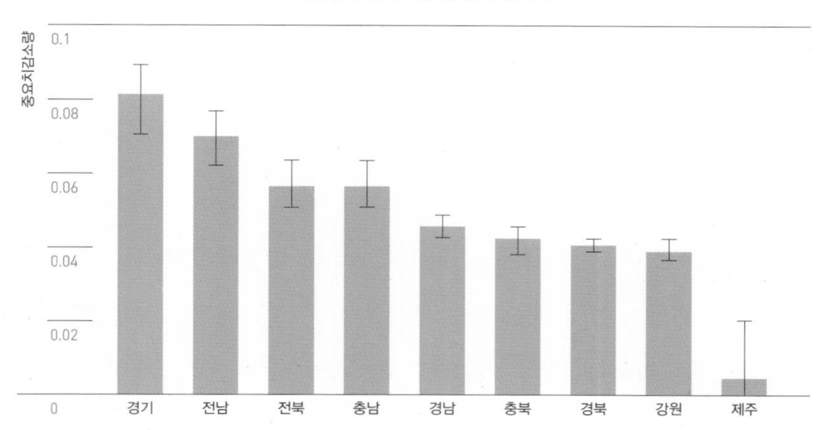

출처: 김은숙 외, 「시계열 국가산림자원조사 자료 기반 자연적 임분동태 변화에 따른 소나무림의 감소 특성 평가」, 『한국산림과학회지』, 2024.

난 것으로 요약될 수 있다.

소나무류(소나무, 곰솔)와 참나무류(신갈나무, 졸참나무, 굴참나무)와의 경쟁 현황 파악을 위해 소나무류와 참나무류만을 대상으로 한 소나무류 상대 중요치 변화를 살펴보았을 때, 경기, 전남, 전북, 충남이 가장 변화가 컸고, 제주, 강원, 경북, 경남이 변화가 상대적으로 적었다.

경기도의 경우 타지역보다 참나무류와의 경쟁이 상대적으로 매우 큰 것으로 추정되었다〈그림 40〉.

소나무 순림의 혼효림으로의 변화는 지형적, 기후적으로 수분 조건이 상대적으로 양호한 지역에서 많이 나타났다. 또한 소나무숲 변화 지역은 임분 내·외부의 소나무의 중요치가 상대적으로 낮고 비산림 비율이 높아 외부교란 가능성이 많은 지역에서 변화가 많았다. 이를 요약하면, 교란 요인이 많으며 수분 조건이 좋은 지역에서 소나무숲의 중요치 감소가 많이 발생했다고 볼 수 있다.

이러한 소나무숲의 자연적 변화 특성을 반영하여 향후 10년 후의 소나무숲 변화를 전망한 결과, 전국적으로 현재 기준 소나무숲 순림의 약 14.2%가 향후 10년 후에는 자연적인 임분 변화에 따라 혼효림으로 전환될 가능성이 높을 것으로 추정되었다.[172] 지역적으로 보면 소나무숲 변화율은 제주와 경기가 42.8%, 26.9%로 가장 높았고 경북과 강원이 8.8%, 13.8%로 가장 낮았다.

광역시와 시군 기준으로 구획을 세분화해서 보았을 때, 전반적인

172 김은숙·정종빈·박신영, 「시계열 국가산림자원조사 자료 기반 자연적 임분동태 변화에 따른 소나무림의 감소 특성 평가」, 『한국산림과학회지』 제113권 제1호, 2024. 40~50쪽.

그림 43. 소나무숲 유지/변화 전망의 지역적 차이

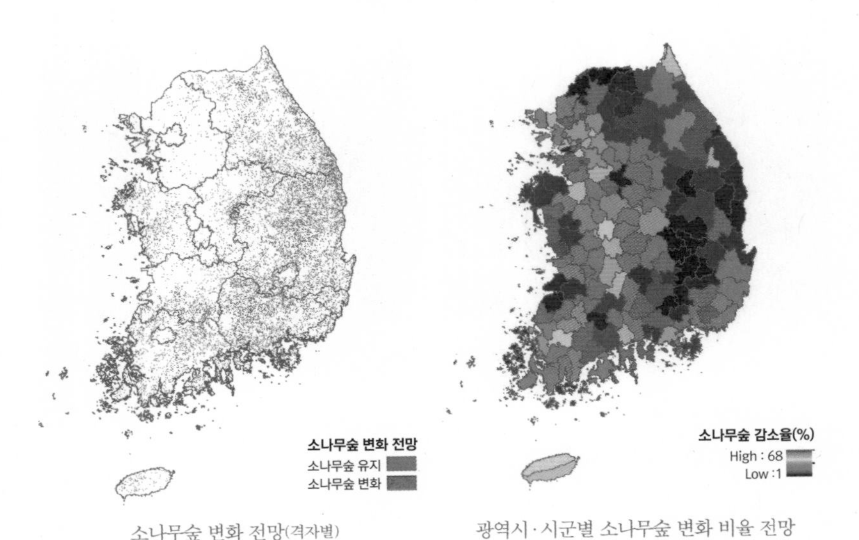

출처: 김은숙 외, 「시계열 국가산림자원조사 자료 기반 자연적 임분동태 변화에 따른 소나무림의 감소 특성 평가」, 『한국산림과학회지』, 2024.

지역적 패턴이 나타났으며 경기, 충청, 전남 지역을 따라서 변화의 민감도가 크고, 경북, 경남 지역의 변화 민감도는 가장 낮을 것으로 전망되었다.〈그림 41〉

환경 교란과 소나무숲 피해

소나무숲의 자연적 변화 양상 이외에도 병해충과 산불 등에 따른 외부 교란도 소나무숲의 생육에 영향을 주는 주요 요인들이다.

소나무는 송충, 솔잎혹파리, 소나무재선충병, 솔껍질깍지벌레 피해

그림 44. 산불과 병해충으로 인한 산림피해

산불 발생에 따른 피해

소나무재선충병 피해지 훈증더미

출처: 국립산림과학원

를 입어 왔으며, 활력을 저하시키는 수준의 수목 피해에서 소나무재선충병과 같은 심각한 고사 피해까지 다양한 수준의 피해가 발생하고 있다.

산불의 경우 병해충보다는 발생 횟수나 면적은 작으나 한 번 발생하였을 경우 회복이 어려운 심각한 산림 피해를 발생시키므로 산림 유형 변화에 많은 영향을 미친다. 그러나 이러한 산림 교란 이벤트로 인해 어느 정도의 소나무숲 면적 감소가 실제로 발생했는지는 아직 정량적으로 명확히 정리된 자료가 부재한 상태이다.

2000년대 이후부터는 새롭게 이상기상에 따른 소나무숲 피해가 새롭게 부각되었다. 소나무는 입지·토양 특성상 건조 지역에서 타 수종보다 잘 생육하는 내건성 수종임에도 불구하고, 2000년대 들어서면서

부터 건조 기상과 관련되어 고사하는 사례가 발생하고 있는 것이다.[173]

1998년 진주, 사천 등 남부지방의 소나무와 잣나무림 피해 발생했고 기상 특성에 따른 소나무숲 피해가 보고된 첫 사례이다.

2009년 겨울과 초봄의 고온과 가뭄에 의해 남부지방 소나무숲에 가장 대규모 피해가 발생했고 거제, 밀양, 사천 등 남부지방을 중심으로 총 71개 시군구 임야 8,416ha에서 약 100만 본의 소나무 고사 피해 발생했다. 2014년 울진 소광리 금강소나무 보호지역 내에 군상 형태의 소나무 고사 현상이 나타났고, 그 후 울진·봉화 지역에 유사한 고사 현상들이 지속적으로 관찰되고 있다. 2022년에는 양구, 화천, 인제 등 강원 북부지역의 소나무숲에 유사한 고사 피해가 나타났다.

최근 소나무 고사는 일반적으로 소나무가 생육하는 지역 내에서도 수분 조건이 더욱 불리한 지역인, 수분이 부족한 능선부, 햇볕을 많이 받는 남사면-남서사면, 바람의 노출이 심한 지역 등에서 주로 발생하고 있다. 고사가 발생한 소나무 임분은 상대적으로 숲의 나이가 많고 나무의 밀도가 높은 경향이 있다. 또한 고사 발생 이벤트는 남부지방에서 북부지역으로 확대되는 추세를 보이고 있다.

미래 기후변화에 따라 소나무의 생육은 어느 정도 영향을 받을까? 기온이 상승하고 강수 변동성이 커지는 미래 기후조건에서 소나무가 생육하기에 적정한 생육환경이 감소할 것으로 전망한 연구가 다수 발표되고 있다.

---

173 김은숙·임종환·이보라·장근창·양희문·윤석희·이기웅·강희원·이주현,「이상기상 및 기후변화에 따른 산림피해 현황」, 국립산림과학원 연구자료 제869호, 2020, 153쪽.

그림 45. 소나무 고사 피해 발생 사례

2009년 남부지방(밀양) 소나무 고사

2014년 울진 소광리 금강소나무 군상형태 고사

출처: 국립산람과학원

임종환 등[174]은 기후변화에 따라 소나무의 직경생장(연륜생장)이 감소하며 RCP 4.5의 경우 상대적으로 생장 감소가 적으나 극한 기후변화 시나리오인 RCP 8.5에서는 2050년 이후 연륜 생장이 큰 폭으로 감소할 것으로 예상하였다.

고성윤 등[175]은 중부지방 소나무의 경우 2030년에는 경기도, 충청남도, 전라남·북도, 경상남도 지역의 소나무숲이 쇠퇴하고, 2050년에는 강원도, 충청북도, 경상북도 등 나머지 지역의 소나무숲도 해발고가

174 임종환·박고은·문나현·문가현·신만용, 「국가산림자원조사 자료를 활용한 소나무 연륜생장과 기후인자와의 관계분석」, 『한국산림과학회지』 제106권, 2017, 249~257쪽.

175 고성윤·성주한·천정화·이영근·신만용, 「기후변화 시나리오에 의한 중부지방소나무의 연도별 적지분포 변화 예측」, 『한국농림기상학회지』 제16권, 2014, 72~82쪽.

높은 지역에만 분포하며 2090년에는 강원도 및 경상북도의 백두대간 일부 지역에만 잔존하는 것으로 예측하였다.

김태근 등[176]은 미래 기온상승으로 인한 소나무숲 분포지역 감소가 임령에 따라 다르게 나타날 것으로 전망했다. 기온변화보다 강수량이 소나무숲의 분포에 더 영향을 주고, 소나무의 지리적인 분포 변화는 건조시기 강수량과 최저기온과 같이 기후의 극한성에 영향을 더 받는 것으로 분석했다.

조낭현 등[177]은 소나무의 생육적지가 RCP 4.5에 비해 RCP 8.5에서 더 빠르게 감소하고 RCP 8.5 기준으로 2050년과 2070년에 각각 11.1%, 18.7%의 잠재분포지가 줄어들 것으로 예측했다.

이러한 전망 결과들은 이용 자료와 연구 방법에 따라 지역별 추정치에 차이가 있지만, 소나무의 생육적지가 현재보다 감소할 것이라는 공통적인 결과를 제시하고 있다. 현재 소나무숲이 분포하고 있는 지역 중 미래 생육조건 부적지로 평가된 지역의 경우, 생육 스트레스를 받아 다양한 교란 요인으로부터 소나무숲이 피해 받을 가능성이 높아질 것으로 추정된다.

소나무는 과거부터 지금까지 우리 주변에서 가장 손쉽게 볼 수 있고 이용할 수 있는 나무이고 산림의 가장 많은 면적을 차지하는 우리

---

176 김태근 · 조영호 · 오장근, 「기후변화에 따른 소나무림 분포변화 예측모델」, 『생태와 환경』 제48권, 2015, 229~237쪽.

177 조낭현 · 김은숙 · 이보라 · 임종환 · 강신규, 「MaxEnt 모형을 이용한 소나무 잠재분포 예측 및 환경변수와 관계 분석」, 『한국농림기상학회지』 제22권, 2020, 47~56쪽.

나라 핵심 수종이다. 따라서 소나무는 우리 국민에게 늘 보는 나무로 인식되어 왔다. 그러나 산림생태계의 자연적인 변화 과정, 다양한 산림 교란(병해충, 산불, 이상기상 등)에 따라 우리 산림에서 소나무의 비중이 지속적으로 감소하고 있어 향후 이러한 인식은 점차 변화할 수 있다.

[김은숙]

제6장

소나무숲의 미래를 위한 모색

지금까지 당대의 한국인이 소나무를 가장 좋아하는 이유를 조선시대, 특히 조선 후기에 형성된 세 가지 측면에서 살펴보았다. 모든 나무 가운데 소나무가 으뜸이라는 유교적 상징성, 송정(松政)이라는 국가로부터 강제된 소나무의 중요성, 이상저온 현상과 가정용 연료재의 지속적 사용으로 우리 주변에서 늘 볼 수 있을 정도로 많은 소나무의 접근성이 그것이다. 이러한 설명을 뒷받침하기 위하여 한국인의 목재 사용 측면에서 조선 후기에 소나무 사용이 급격히 증가하였다는 것을 다양한 목재 유물의 수종 분석으로 밝혔다.

더불어 분단 시대의 북한 역시 소나무를 국수로 지정할 정도로 중요한 나무로 인식하고 있다는 것을 확인하였다. 남북한이라는 공간적 경계에도 불구하고 남북한에 살고 있는 사람들은 여전히 소나무를 가장 좋아하는 나무로 인식하고 있다.

과거 시대적 배경에 따라 형성된 국민들의 소나무 선호 인식은 소나무의 현재적 가치와 연계되어 지속되고 있다. 소나무는 오랫동안 우리의 삶 속에서 자원·환경·역사·문화적 측면에서 다양한 가치를 제공하고 있다. 소나무는 우리 산림과 자연환경을 구성한 핵심 요소이고, 목재와 송이를 공급하는 경제 자원이며, 천연기념물, 보호수 등 역사 문화적 가치를 지닌 생물학적 자산이다.

그러나 당대를 살아가는 우리가 가장 좋아하는 소나무는 현재 큰 변화와 위기에 놓여 있다. 대형산불과 소나무재선충병의 발생과 확산은 소나무숲에 국지적이지만 극단적인 피해를 발생시키고 있다. 지속적 기온 상승과 토양의 회복은 산림생태계 내에서 소나무의 장기적 쇠퇴를 유도하고 있다. 기후변화와 자연천이라는 장기적 생태계 변화와 산림재난이라는 단기적 환경 피해는 한반도의 소나무 생존에 복합적으로 작용하여 부정적 영향을 미치고 있다.

이러한 상황에서 소나무의 미래를 고민하는 우리 앞에 몇 가지 질문이 던져진다. 우리 국민들의 소나무 선호 인식, 소나무의 가치와 중요성은 다양한 자연적 인위적 위협요인 앞에 어떻게 다루어져야 할까? 우리가 지속적으로 지켜내고자 하는 소나무의 가치는 무엇일까? 우리는 자연적 변화와 인위적 피해에 대해 어떤 태도를 견지해야 할까?

연구신서에서 이 질문에 대한 명확한 정답을 제시할 수는 없지만, 지금 우리가 해야 하는 일은 소나무의 중요한 가치와 혜택을 유지하면서도 변화와 위기 상황에 맞게 적절한 소나무숲 관리를 위한 새로운 전략을 마련하는 것임을 강조하고자 한다.

우리나라 전국 각지에는 역사·문화적 자산의 보전과 산림자원의 지속적 육성을 위해 장기적으로 보전해야 하는 소나무숲이 분포해 있다. 소나무 천연기념물·시도기념물·보호수, 왕릉 소나무숲, 명승·유적 소나무숲, 소나무 마을숲, 사찰 소나무숲, 전국 각지의 휴양·교육·관광 소나무숲 등이 있다. 국가산림문화자산, 국가숲길, 명품숲에도 소나무숲이 많이 있다. 우량한 목재를 공급하기 위해 지정한 문화재용 목재생산림, 소나무 채종원·종자시험림·클론보존원, 소나무 산림유전자원보호구역, 금강소나무 생태경영림 등도 있다. 백두대간 보호구역, 국립공원 등 기존 산림보호구역 내에도 가치 있는 소나무숲이 적지 않다.

이러한 중요 소나무숲의 가치를 계승하고 되살리기 위한 방안을 마련하기 위해, 본문에서 다루었던 역사 문화자산 소나무숲, 문화재복원용 소나무숲, 마을 소나무숲, 우리 소나무의 유전 다양성을 보전하는 방안을 제시하고자 한다.

첫째, 역사·문화적으로 중요한 소나무숲의 보호 체계를 더욱 강화한다.

소나무는 오랫동안 우리 국민과 함께해 온 나무이기 때문에 역사·문화적으로 보전 가치가 높은 소나무·소나무숲이 전국 곳곳에 분포해 있다. 소나무·소나무숲을 대상으로 지정한 천연기념물, 시도기념물, 보호수는 강력하게 보호·관리를 하도록 법적으로 규정되어 있다.

보호 대상인 소나무와 소나무숲을 실효성 있게 관리하기 위해서는 기술 개발, 주기적 모니터링 체계 구축 등이 꾸준히 개선되어야 한다. 특히, 천연기념물의 경우 국가유산청, 시도기념물은 지방자치단체에게 지정·관리 책임이 있으므로, 전문적인 건강성 관리와 피해 예방을 위해 산림과 수목관리 전문기관인 산림청과의 긴밀한 사전협력체계를 구축할 필요가 있다.

보호 대상 수목과 군락지의 상시적인 관리를 위해서는 해당 지역 나무병원과의 공동 관리체계를 구축하여 지속적이고 장기적으로 일관성 있는 보호 관리 조치를 수행하고 체계적인 이력 관리도 시행해야 한다.

법적으로 보호받고 있지 못한 중요한 소나무숲도 많다. 왕릉과 명승·유적의 경관을 이루고 있는 소나무숲은 문화재의 가치와 연결되어 인식되고 있지만, 숲 자체에 대한 관리체계는 마련되어 있지 못하다. 또한 소나무 마을숲, 사찰 소나무숲, 전국 각지의 휴양·교육·관광 소나무숲 역시 마찬가지이다.

소나무숲의 건강성이 유지됨으로써 역사·휴양·문화적 가치가 함께 유지될 수 있으므로, 지속 가능한 이용과 관리가 전제된 소나무숲 보호지역 추가 설정을 검토할 필요가 있다. 이와 관련해서, 새로운 개념의 보호 대상지인 OECM[178] 지정이 중요 소나무숲 대상으로 적용 가능한지 적극적으로 검토해 볼 필요가 있다.

---

178 OECM은 "Other Effective area-based Conservation Measure" 약자로, "기타 효과적인 지역기반 보전 조치"로 해석하고 있으며 법으로 지정한 보호지역이 아닌 준보호지역으로 볼 수 있다.

제15차 생물다양성협약 당사국 총회(COP15)에서 채택된 '쿤밍-몬트리올 국제 생물다양성 프레임워크'는 신규 보호구역 확대를 위한 새로운 보전 수단인 OECM의 적극적 도입을 강조하였다. 산림 OECM은 보호 가치가 높은 비(非)보호지역을 관리하고 산림생태관광 등에 연계하여 산림생태계 보호뿐 아니라 지역경제 활성화에도 함께 기여하는 제도이다. 즉, 산림의 보호를 기반으로 한 지속 가능한 이용과 산림생태계 서비스 유지를 동시에 추구한다는 측면에서 중요 소나무숲의 보전·관리에 유용한 제도로 활용될 수 있다.

기존 보호지역 관리 강화와 새로운 준보호지역 지정도 추진되어야 하지만, 무엇보다도 중요한 것은 재해피해 예방이다. 핵심 소나무숲에서 병해충이나 산불이 발생하여 돌이킬 수 없는 피해가 발생하지 않도록 재해를 예방하고 피해를 줄여나갈 수 있는 활동을 수행하는 것은 시급하고 중요한 일이다. 병해충 발생 예찰 강화, 예방 나무주사 실시, 산불예방·진화 과정에서 보호지역을 우선 고려하는 방안이 마련되어야 한다.

중요 지역의 위치와 범위에 대한 공간정보를 정확히 구축하고 재해관리 시스템 내에 이 자료를 탑재하여 상시로 우선 관리 할 수 있는 체계 마련이 필요하다.

둘째, 조선 후기 봉산의 기능을 계승하는 문화재복원용 소나무숲을 정밀하게 관리한다.

조선 후기 봉산의 기능을 계승하는 문화재복원용 소나무숲을 최신

첨단기술을 활용하여 과학적으로 관리하는 방안이다.

조선시대 정부는 해안 방어와 관용 건축물에 필요한 소나무 목재를 안정적으로 조달하기 위해 봉산을 설정하였다. 많은 봉산은 일제강점기에도 관리기관이 있는 국유림으로 편입되어 현재도 국유림으로 유지되는 곳이 많다.

산림청은 목조건축 문화재 복원에 필요한 소나무를 공급하기 위하여 국가유산청과 협력하여 국유림에 문화재복원용 소나무숲 약 680ha를 지정하여 관리하고 있다.

조선 후기 국용 목재를 안정적으로 조달하기 위한 제도가 현대에도 계승되고 있다. 이름에서도 확인할 수 있듯이 현대의 봉산은 소나무로 만들어진 목조 문화재의 원형 보전을 위해 특수재, 특대재 용도의 소나무를 키우고 있다.

2022년 기준으로 문화재 복원을 위해 관리되는 소나무는 256,301그루이고 축적은 186,883m^3이다. ha당 임목축적은 275m^3로, 전국 평균 임목축적 165m^3에 비해 67% 높다. 그만큼 좋은 대경목이라는 뜻이다.

문화재복원용 소나무는 숲 단위가 아니라 나무 하나하나를 관리할 필요가 있다. 특수재, 특대재 용도의 목재는 규격 제품이 아니기 때문에 필요한 나무의 모양, 직경, 길이에 따라 최적의 소나무를 미리 확인하고 수확하게 되면 불필요한 목재 낭비를 막을 수 있다. 이런 측면에서 최근 라이다 기술을 활용하여 문화재복원용 소나무를 개체목 단위로 촬영하여 관리하면 국가유산청에서 요구하는 목재 규격에 맞는 나무를 사전에 확인하고 공급할 수 있을 것이다.

나무는 시간에 따라 성장하고 자연재해로 인해 피해가 발생하기도 한다. 이런 이유로 5년 또는 10년 주기로 나무마다 라이다 촬영을 하여 정보를 갱신할 필요가 있다.

셋째, 조선 후기 송계를 계승하는 마을의 소나무숲 관리 방안을 만든다.

우선 마을숲과 송계림의 소유권과 점유권·사용권에 관한 새로운 접근이 요청된다. 마을숲과 송계림의 보호와 관리에 지역주민의 자율성 및 자치권을 부여할 필요가 있다. 이를 통해 지역주민에게 경제적 수익 창출과 활용을 보장하고, 송계림의 보호 및 관리 의무를 이들에게 부과해야 할 것이다.

지역주민을 해당 지역의 지역적 특수성을 이해하는 산림 및 임야 전문가로 육성하여 송계림의 보호·관리뿐만 아니라, 인력 및 예산의 효율적인 활용을 도모할 필요가 있다. 이를 위해 법적·제도적 개선 및 지원이 시급해 보인다.

전국적으로 마을숲이나 송계림은 현재 마을 소유가 아니라 시·군 소유, 도 소유로 많이 남아 있다. 이 같은 경우 마을숲이나 송계림에 대해 특수지역권과 총유재산권을 인정하여 관리 및 활용 주체를 지역 및 마을공동체로 이전하는 방안을 진지하게 고려할 필요가 있다.

마을숲과 송계림의 보호·관리에 관한 조례, 행정규칙 제정 등을 추진하여 마을숲과 송계림이 방치되지 않도록 하여야 한다. 이와 함께 마을주민 몇 사람의 공동명의로 되어 있는 마을 공동재산을 마을 소유로의 이전이 쉽게 이뤄질 수 있도록 법적·제도적 보완이 이뤄져야 한다.

마을숲과 송계림의 경제적 활용에 대한 자율성과 자치권을 보장하고, 그 수익이 지역사회와 지역주민에게 환원되고 동시에 수익 일부가 산림자원 보호·관리에 다시 사용될 수 있도록 공식적·제도적 의무와 책임을 부과할 필요가 있다. 또한 비제도적·규범적 의무와 책임성을 제고하는 방안으로 주민 설명회, 주민 공청회, 주민 교육 등의 활용을 적극적으로 고려할 만하다.

임업 경제의 활성화에 지역사회와 지역민의 참여 및 활용을 적극적으로 고려할 필요가 있다. '제6차 산림기본계획'에서는 고령화에 따른 산림노동력 부족, 전문 임업인 육성 및 산림경영산지의 필요, 산촌을 통한 사회적 경제 실현 등을 제시하고 있다. 이에 따른 임업정책은 임업 경제 및 임업 시장의 활성화에 초점을 두고 있을 뿐, 지역 산지에 애정을 가진 지역사회와 지역민을 활용하는 정책적 고민이 제대로 담겨있지 않다.

임업 경제의 활성화, 산림자원의 보호와 관리에 실효성을 확보하기 위해서는 기업 중심의 임업 경제가 아니라, 산촌과 지역민 중심의 임업 경제 및 사회적 경제로의 전환이 요청된다. 지역사회와 지역민의 참여 없이 임업 경제와 사회적 경제의 활성화는 요원하다.

이와 더불어, 국가나 지방자치단체, 공공기관 소유의 송계림에 대해서는 마을 및 지역 공동체에 점유권·이용권을 보장하고 이를 자율적·자치적으로 이용하고 보호·관리할 수 있는 민관 협력 거버넌스 구축을 통한 관리 방안을 모색해야 할 시점에 와있다.

구체적으로, 지역 단위로 운영되던 송계가 갖던 규모와 범위의 영세성과 한계를 극복하고, 대규모 산림자원의 통합적 보호·관리를 위해 '산 권역별 관리 거버넌스 체계'의 구축과 운영이 시급하다.

산 권역별 거버넌스 체계의 상위에는 지방자치단체, 산림청, 산림과학원 등을 중심으로 한 협의체를 두어 보다 광범위한 관리 감독 및 조정, 산림자료 DB화 작업 등을 담당하도록 해야 할 것이다.

한편, 마을숲과 송계림의 보호 관리의 실효성을 높이는 데 지역사회와 마을공동체의 문화적 자산을 함께 복원·전승할 필요가 있다. 현재까지 전국적으로 돌탑, 솟대, 장승, 돌거북상 등 많은 향토 문화재가 남아 있으며, 당산제(堂山祭), 석신제(石神祭), 거리제, 당제(堂祭), 별신제(別神祭), 망월제(望月祭), 용왕제(龍王祭) 등 공동체 제의 또한 전승되어 오고 있다. 이들 문화자산을 발굴·복원·전승하려는 노력이 적극적으로 추진되어야 하며, 이를 통해 산림공유자원의 보호·관리와 연계될 수 있도록 해야 한다.

향토 문화의 복원은 지역의 민간신앙을 보존·전승하는 것과 동시에, 누구나 참여할 수 있는 대중성과 개방성을 지향해야 하며 산림자원의 보호·관리에 대한 사회적 의식을 고취할 수 있도록 설계되어야 한다.

마을숲과 송계림과 관련한 지역 고유의 문화적 자산과 산림 생태자원은 생태 관광, 축제 등 경제적·문화적 활동으로 연계될 수 있도록 해야 한다. 생태자본(ecological capital)[179] 및 생태자원의 경제적 활용과 호혜적 배분을 통한 사회적 경제의 선순환 구조를 형성하고 강화할 수 있어야 한다.

생태관광과 생태자원과 연계된 수익 일부는 지역사회와 지역주민에 환원되고, 일부는 생태자원의 유지·관리·보호에 다시 투자하여야 한다. 생태자원의 활용으로 창출된 경제적 수익은 공정한 절차와 공평한 분배를 통한 호혜적 배분이 이루어지고, 이는 '지역사회 기업가주의(community entrepreneurship)'와 공동체 유대의식 강화에 이바지하여 사회적 경제의 선순환 구조를 형성·강화할 수 있도록 해야 할 것이다.

넷째, 우리 소나무의 유전적 다양성을 보전하는 관리방안을 강화한다.

산림청 국립수목원에서 제공하는 국가표준식물목록에 따르면 우리나라 자생식물 자원의 수는 2024년 기준 전체 3,954종이며 이중 나무인 목본 산림자원이 740종이다. 소나무는 우리나라에서 가장 넓게 분포하는 목본 산림자원이나 전 세계적으로 시각을 넓히면 우리나라를 포함한 한반도, 일본, 중국의 동쪽 일부(리아동반도, 지린)지역에만 분포하고 있다[180]. 다시 말하면 지구상에서 동아시아 지역에서만 살고 있

179 생태자본(ecological capital)은 "인간이 생존을 유지하고 경제적, 사회적 삶을 영위하기 위해 필요한 생태적 또는 자연적 토대"를 말한다(진상현·오용선, 2007: 476). 생태적·자연적 토대가 사회적 생산성을 높이고 자본적 속성을 지니고 있으므로 최근에 생태자본이라는 명칭을 넓게 사용하고 있다. 진상현·오용선, 「사회생태자본에 기반한 대안적 지역발전 모델」, 『한국사회학회 사회학대회 논문집』. 2007, 473~488쪽.

180 Nakamura Y., Krestov P. 2005. Coniferous forests of the temperate zone of Asia

는 고유종(Endemic speices)이다.

기후변화, 병해충, 산불 등의 위험 요소는 우리나라 뿐 아니라 중국, 일본에서의 소나무 감소에 위협요인이 되고 있다[181]. 일본은 1900년대 초 소나무재선충병 확산으로 남부지역과 서부지역의 소나무가 일제히 고사하여 인공조림을 통해 다시 소나무숲을 조성하였다[182]. 따라서 우리 주변에서 흔하게 보는 소나무라 하더라도 지속적으로 소나무를 보존하기 위한 노력이 필요하다.

UN 식량농업기구(FAO)는 기후변화와 생물다양성 감소에 대응하여 산림자원을 보존하기 위해 실물자원뿐만 아니라 자원이 가지고 있는 유전물질을 보존할 것을 권고하고 있다[183]. 유전물질은 다시 말하면 살아있는 생물종이 가지고 있는 유전자이다. 유전자는 부모 세대에서 자식 세대로 전달된다. 그리고 오랜 시간 환경변화에 적응하면서 다양해진다. 다양한 유전자를 보유하고 있는 생물종은 변화하는 환경에 잘 적응할 수 있다. 유전자 다양성, 즉 기존에 알려진 생물다양성의 3가지 요소 중 하나인 유전다양성은 종의 생존을 위해 매우 중요하다. 따라서 소나무를 보존하려면 유전다양성을 고려하는 것이 중요하다.

---

181 Duan X., Li J., Wu S. 2022. MaxEnt modeling to estimate the impact of climate factors on distribution of Pinus densiflora. Forests. 13, 402, 1-13

182 Iwaizumi, M.G., Tsuda, Y., Ohtani, M., Tsumura, Y., Takahashi, M. 2013. Recent distribution changes affect geographic clines in genetic diversity and structure of *Pinus densiflora* natural populations in Japan. Forest Ecology and Management 304, pp.407~416.

183 이석우, 이제완, 임효인. 2016. 산림유전자원의 보존, 지속가능한 이용 및 개발을 위한 지구행동계획. 국립산림과학원 연구자료

산림자원의 유전다양성을 보존하면서 가장 넓은 범위를 보존하는 방법은 현지내보존 방법이다. 현지내보존 방법은 또한 유전다양성만이 아니라 종다양성과 생태계다양성을 같이 효과적으로 보존하는 방법이다. 국립산림과학원은 오랜 시간 소나무 자생지(숲)를 대상으로 유전다양성을 평가하고 우선적으로 보존이 시급하다고 판단되는 자생지에 대해서는 산림유전자원보호구역으로 지정하여 보존하고 있다. 그러나 만일 소나무재선충이나 산불 등으로 인해 현지내에서 소나무숲이 고사하거나 피해를 받을 경우, 자생지에 인공적으로 소나무를 조림하거나 복원할 수 있는 대책도 마련해야 한다.

이를 위해 국립산림과학원은 우수한 소나무 종자와 후계목을 보급하기 위한 육종연구도 수행하고 있다. 자생지 내에서 형태적으로 우수한 나무를 수형목으로 선발하여 종자 공급을 위한 1세대 채종원을 조성한 이후로 유전다양성을 고려한 유전검정의 과정을 통해 현재는 2세대 채종원을 조성하기 위한 연구를 진행하고 있다. 뿐만 아니라, 소나무를 대상으로 기존 전통육종 기간을 단축하기 위해 유전체 정보를 이용한 분자육종 기술도 개발 연구를 수행하여 기존 육종 시간을 단축하고자 노력하고 있다.

소나무는 우리나라에서 반드시 보존하고 관리해야 할 산림자원이다. 지구상에서 동아시아 지역에만 분포하는 고유종으로 분포범위가 넓은 지역은 우리나라와 일본 뿐이다. 만일 우리나라에서 소나무가 사라지면, 지구상에서 소나무 분포 지역에 크게 감소한다는 의미이다. 따라서 미래의 환경변화와 계속될 위기 요인에 대응하여 건강한 소나무숲을 유지하기 위해서는 유전다양성을 기반으로 보호구역 확대 등 현지내 보존과 함께 유전적으로 다양한 종자로부터 생산된 우수한 후계목을 조림과 복원에 활용하여 유전적으로 다양한 소나무 숲을 만들어 가도록 노력해야 할 것이다.

[배재수, 김은숙, 배수호, 안지영]

부록

부록 1

일본 지력의 쇠약과 적송[184]

옛 풍류인이

소나무의 녹음은 서리가 내리면 우거지고

천년 간 변하지 않는 색이 눈 속에서 깊어진다.

영원히 푸른 소나무도 봄이 오면

더욱 그 색이 깊어지는구나.

이러한 내용의 시를 읊었던, 이토록 축복할 만한 소나무가 너무나 불길한 우리나라 지방(地方)의 쇠퇴…결국에는 망국의 전조인 이유를 논하는 과학은 실로 풍류를 모른다. 불행한 나는 천하의 산야와 강을 더욱 자주 돌아다니며, 더더욱 품위 없는 남자인 것을 슬퍼할 수밖에

184 本田靜六, 1900,「我国地力ノ衰弱ト赤松」,『東洋学芸雑誌』제230호, 1900.
본 자료는 국립산림과학원 산림정책연구과의 주예지 연구원이 번역하고 이해를 돕기 위해 [역자 주]를 달았다.

없다.

애초에 적송의 번식은 비합리적인 토지 이용법으로 인한 것이다. 이에 따라 국토의 지력이 점차 쇠퇴하여 최종적으로 다른 수목이 감소하고 적송이 한층 더 증가한다는 것은 이미 서양의 임학자들 사이에서 널리 알려진 사실이며 나의 독자적인 주장이 아니다. 또 오늘날의 학문과 현상은 더욱 이것이 확실하다는 사실을 증명한다.

본래 수종의 종류는 두 종으로 나눌 수 있다. 하나는 가지와 잎이 그늘에서 견딜 수 있는 성질을 가진다. 이를 음수라고 칭하고, 노년기에 다다를 때까지 울폐된 임상을 보이며, 토지의 건조를 잘 막아 지력 보호에 효과적이다.

다른 하나는 양수라 칭하고, 그 성질은 그늘에서 잘 견디지 못하며 주로 빛이 강하고 직접적으로 내리쬐는 나출지를 점령하지만, 결국에는 임상이 군데군데 비게 되고 햇빛과 바람이 지면에 직접 닿아 땅이 건조해지고 지역이 쇠퇴한다.

너도밤나무, 편백나무, 참나무, 전나무 등은 음수이며 소나무, 자작나무, 졸참나무, 이 외에도 많은 낙엽 잡목들은 대부분 양수이다. 이 중에서도 적송은 양수 중에서 그 특징이 가장 뚜렷하며, 천연 원생림과 같은 음수의 삼림에서는 세력이 매우 약하다. 암석이 있고 산 정상 등 다른 수목이 자랄 수 없을 정도로 돌이 많고 건조한 지역에 조금 있는 정도이나, 인간이 인위적으로 원생림을 벌채·연소하여 지면이 자주 노출되거나, 삼림을 충분히 관리하지 않아 지력이 쇠퇴하면 적송은 순식간에 그 지역을 점령한다.

적송은 지력이 풍부할 때는 그 지역 고유의 음수에 저항할 수 없으나, 점차 지력이 쇠퇴하면 필요한 양분을 줄여 번성할 수 있는 성질로 인해 순식간에 고유의 수종 대신 적송이 그 지역을 점령한다.

아마도 도쿄 이남의 혼슈[本州], 시코쿠[四国], 규슈[九州]의 원생림은 지금도 벌채하지 않는 신사와 불당의 삼림에서 볼 수 있는 것처럼 참나무, 모밀잣밤나무, 기타 상록활엽수인 음수 삼림이었으나, 남벌 및 불놓기로 인해 피해를 입고 지역 고유의 수종이 점차 소멸하여 이로 인해 양수에 가까운 졸참나무, 상수리나무 종류의 잡목림으로 변했을 것이다.

이 잡목림은 참나무나 모밀잣밤나무 종류의 상록수가 아니기 때문에 초봄과 늦가을에 잎이 떨어지면 임내에 다량의 빛이 들어올 수 있어 참나무와 모밀잣밤나무 종류의 나무들 사이에서 자랄 수 없었던 소나무도 점차 이러한 낙엽 잡목림에서 섞여 자랄 수 있게 되었다.

특히 도시 주변의 잡목림과 같은 삼림은 지력의 보호를 전혀 고려하지 않고 연중 진행되는 과도한 낙엽 채취로 인해 지력이 쇠퇴하여 임상이 부분적으로 급격히 비게 되고 입지가 건조해져 점점 더 많은 적송이 침입하게 된다.

원래 낙엽을 채취하는 것은 비료를 주지 않고 경작하는 것과 같은 정도로 매년 지력을 떨어트린다는 것은 당연한 사실이며, 또 학술적인 시험에 따르면 매년 낙엽을 채취할 때는 목재 산출에 필요한 지력보다 세 배 많은 지력을 소비한다. 그 예시로 도쿄 근처의 낙엽 잡목림에서 최근 적송이 크게 증가한 곳이 있다.

이 지역은 약 6, 70년 전까지 적송이 매우 희소했으며 관상용으로 자택 주변에 약간 재배하는 정도였다. 숲에서 소나무 묘목을 발견했을 때는 기뻐하며 이를 정원에 옮겨심었다는 것을 과거의 기록으로 알 수 있다. 그럼에도 불구하고 오늘날 적송이 다른 수종을 제치고 빠르게 번식하는 것은 실로 놀랍다.

처음에는 잡목이 7할, 적송이 3할이었던 삼림을 한번 벌채하면 잡목 5할, 적송 5할이 되고, 두 번째는 잡목 3할, 적송 7할이 되고, 이 상황이 지속되면 완전히 적송림으로 변하는 경향을 볼 수 있다. 이렇게 부적절한 남벌은 점점 지력을 쇠퇴시키고 이윽고 낙엽 잡목림의 번식 또한 어려워져 적송의 침입을 한층 더 용이하게 한다. 게다가 지력이 쇠퇴하고 임지가 건조해지면 잡목림의 성장이 매우 더뎌진다.

이미 건조해지고 척박해진 땅에서도 잘 자라는 적송으로 변했다는 것은 경제적인 관점에서도 이익이 된다는 점을 인정해 천연생인 적송을 보호하여 적송이 잡목림을 점령하게 되거나, 인공적인 적송 식재를 하는 자가 늘어나므로 이는 적송림의 증가로 이어진다.

요약하자면, 도쿄 이남 지역에 졸참나무·자작나무 종류의 낙엽 잡목림이 있는 것은 이 지역에 본래 있었던 참나무·모밀잣밤나무 종류의 삼림이 이미 제1기의 변화를 지난 것이며, 이 잡목림이 적송림으로 변화하는 상태는 제2기의 변화이다.

지금처럼 지력 유지에 주의하지 않는 임업, 특히 과도한 낙엽 채취

사업을 바꾸지 않으면 향후 점점 더 제2기의 변화를 촉진하고 현재의 잡목림은 완전히 소멸하여 대다수가 적송이 될 것이다. 실제적인 예로서 시코쿠·규슈 지방의 지대가 낮은 지역과 주고쿠[中国] 지방의 삼림 중 이용하기 편리한 지역 대부분이 적송림으로 변한 것을 들 수 있다.

애초에 적송림의 확산이 불가능해 보이는 상황에서 적송림을 장기간 단순 송림으로 유지시키면, 특히 낙엽을 채집하는 경우 결코 긴 기간 지력을 유지할 수 없으며 결국에는 임상이 부분적으로 비게 되고 임지가 건조해져 지력이 쇠퇴해 적송조차 자랄 수 없게 된다. 이때 다가오는 제3기의 임상 변화는 매우 참담하다.

적나라하게 드러난 주고쿠의 산들, 특히 고베[神戸]·오카야마[岡山] 근처의 산은 일찍부터 그 지역이 개발되어 남벌과 과도한 채취 또한 이른 시기부터 진행되었고 지금은 이미 제2기의 변화를 맞이해 제3기의 처참한 상태를 보이는 삼림이 많다.

후타타비 산[再度山][185]과 뎃카이 산[鐵拐ヶ峰][186]의 소나무처럼 백수십 년이 지나도 높이가 사람의 키를 넘지 않고, 굵기가 사람의 팔 굵기보다 가늘며 수간과 낙엽에는 이끼가 없다. 지면이 대부분 노출되어 수원이 완전히 말라 있고 비가 내릴 때마다 토사가 유출되어 아래쪽의

---

185 [역자 주] 고베시 중앙부에 있는 주오구[中央区]와 기타구[北区]의 경계에 있는 롯코 산지[六甲山地]를 이루는 산들 중의 하나. (출처: 소학관 일본대백과전서 https://kotobank.jp/word/%E5%86%8D%E5%BA%A6%E5%B1%B1-124948)

186 [역자 주] 효고현 고베시 스마구[須磨区]와 다루미구[垂水区]의 경계에 있는 산. 롯코 산지의 서남단에 있다. (출처: 소학관 일본대백과전서 https://kotobank.jp/word/%E9%89%84%E6%8B%90%E5%B1%B1-101025)

밭을 메운다. 산의 암벽이 점차 노출되고, 강바닥이 점점 높아지고, 홍수와 가뭄의 피해가 매년 증가하는 제3기의 변화는 실로 참담하다. 게다가 이 땅은 본래 민둥산과 척박한 땅이 아니었다.

오늘날 이러한 민둥산의 토사에서 발견되는 소나무 뿌리가 겨우 6, 70년생에 불과한데도 둘레가 수 척인 것이 많다는 것은 전(前) 세기의 삼림이 지금보다 훨씬 더 풍요로웠다는 것을 증명한다. 또 앞서 언급한 신사 및 기타 특별히 보호했던 곳의 삼림이 모두 참나무, 모밀잣밤나무, 녹나무, 기타 상록활엽수림이라는 점은 오래전 원생림이 이러한 송림이 아니었다는 것을 증명한다.

임상이 변환되어 결과적으로 민둥산과 사막이 되는 순서를 거쳐 위와 같은 상태가 되면 적송림의 확산은 결코 가볍게 여길 일이 아니며, 국가를 위해서도 반드시 주의해야 한다. 또 오늘날 우리나라의 적송림 증가 추세는 도쿄 이남의 지역에만 국한되지 않고 점차 전 국토를 점령하는 경향이 있으므로 유의해야 한다.

우리의 실제 조사에 의하면 우리나라의 적송은 이미 시코쿠, 규슈 및 혼슈의 남쪽 절반을 점령하고 그 기세에 힘입어 이미 간토[關東]의 평야로 확산되었고, 지금은 본도(本道)인 동서 양쪽의 해안선과 리쿠가도[陸羽街道][187]를 따라 오우 지방[奧羽地方][188]까지 파죽지세로 확산

187 [역자 주] 에도시대에 정비된 다섯 개의 주요 간선도로 중 하나. 에도와 도호쿠[東北] 지방을 연결하는 도로였으며 물자 운송 및 홋카이도 지역의 조사 등에 활용되었다. (출처: 코단샤 국가지정유적가이드 https://kotobank.jp/dictionary/shisekiguide/)

188 [역자 주] 과거 도호쿠 6현(아오모리, 이와테, 아키타, 야마가타, 미야기, 후쿠시마)을 지칭하던 이름. 현재는 거의 쓰이지 않는다.

되고 있다. 게다가 이 지방의 영주인 너도밤나무 숲은 적송부대의 급선봉인 남벌과 불놓기의 공격에 버티지 못하고 힘없이 평지를 버리고 중앙 산맥의 중간지점 위쪽으로 후퇴하고, 경사가 심한 곳에서 그나마 일부분을 지키고 있으며 멀리 아오모리[青森]의 본부에 연락을 취하는 실로 위급존망의 상태이다.

리쿠 가도로 나아가는 적송부대가 센간 고개[仙岩峠][189]의 동쪽 중간에 있는 평야로 진격하여 너도밤나무 부대를 산 정상까지 일제히 추격하는 상황인데, 그 세력이 맹렬하여 매우 놀랍다.

이에 더해 전초부대는 이미 아오모리로 진격했다는 소식을 전하는 한편, 일본해[190]를 따라 진격하는 적송은 이미 아키타[秋田]의 오다테[大館]를 점령해 지금은 유명한 이카리가세키[碇ヶ關][191]에 도달한 상황이므로 얼마 안 가 적송은 혼슈의 지대가 낮은 곳을 완전히 점령할 것이다.

메이지유신 전까지 대부분의 지역에 적송이 없었던 홋카이도[北海道]와 같은 곳도 해운을 통해 팽나무군이 아닌 적송군이 빠르게 고료

(출처: 브리태니커 국제대백과사전 소항목사전 https://kotobank.jp/word/%E5%A5%A5%E7%BE%BD%E5%9C%B0%E6%96%B9-38542)

189 [역자 주] 이와테현 중서부에 있는 시즈쿠이시초[雫石町]와 아키타현 동부에 있는 센보쿠시[仙北市] 사이에 위치한 고개. (출처: 브리태니커 국제대백과사전 소항목사전 https://kotobank.jp/word/%E4%BB%99%E5%B2%A9%E5%B3%A0-88070)

190 명칭은 원문의 표기를 그대로 따랐다.

191 [역자 주] 아오모리현 남부에 위치한 히라카와시[平川市] 남부를 지칭했던 구(旧) 촌명. (출처: 브리태니커 국제대백과사전 소항목사전 https://kotobank.jp/word/%E7%A2%87%E3%83%B6%E9%96%A2-30060)

카쿠[五稜廓][192]를 점령하여, 지금은 홋카이도 남부의 대부분에 확산되는 경향을 보인다.

실제로 현재 우리나라의 상태는 남쪽은 시코쿠와 규슈부터, 북쪽은 홋카이도의 남쪽 절반의 국토 전부가 적송에 점령당했다고 할 수 있으며 이는 매우 통탄할 일이다.

적송의 확산은 우리나라만이 아니라 유럽 국가들도 이러한 순서를 밟았으나 임정이 발달하여 철저히 보호해 그 피해가 크게 늘지 않았을 뿐이다.

독일의 동해안 지방처럼 과거 너도밤나무, 단풍나무, 졸참나무 등이 번성했던 곳도 지금은 그 대부분이 적송이다. 뉘른베르크와 라인 지방은 200년 전까지 울창한 소나무 숲이었으나 지력이 쇠약해져 지금은 100년생인 소나무도 사람의 팔 굵기보다 가늘다고 한다.

제3기의 말로로서 가장 참담한 상황인 곳은 이탈리아의 시칠리아섬이다. 이 섬은 원래 땅이 비옥하고 기온이 적절해 밀의 주요 생산지로서 이탈리아의 곡창이라고 불렸던 곳인데, 적절한 임정을 시행하지 않아 적송마저 자랄 수 없게 되었다. 토지가 건조하고 지력이 크게 쇠하여 맑은 날에는 가뭄 피해를 보았고, 비가 내리는 날에는 토사가 유출되어 밀밭을 덮어 주민들은 결국 피해를 견디지 못하고 섬을 떠나 내륙으로 이주했다. 또 티롤 주도 이미 제3기의 피해를 보아 100년 후

---

192 [역자 주] 홋카이도 하코다테시 고료카쿠초[五稜郭町]에 있는 일본 최초의 서양식 다각형 요새 성터. (출처: 소학관 일본대백과전서 https://kotobank.jp/word/%E4%BA%94%E7%A8%9C%E9%83%AD-66552)

경작지의 3분의 1은 완전히 황폐되었다고 한다.

되돌아가 우리나라의 상태를 보면 다양한 종류의 음수가 양수 잡목림으로 변화해 결과적으로 적송에게 점령당하거나 이미 적송의 말로를 맞이했다는 것은 앞서 말한 것과 같은 상황을 고려하지 않은 탓이다.

임정에 힘쓰지 않고 비합리적인 점이 많아 변화를 더욱 촉진하는 부분도 있다. 앞서 말한 외국의 참상을 보니 나라에 대한 걱정이 끊이지 않아 내가 지금 이 원고를 쓰는 것은 결코 우연이 아니다. 이를 구제하기 위한 대책은 적송림의 확산을 억제하고 음수림을 양성하는 것이다. 또 계획 방법 등은 별도로 조림학의 영역에서 고안해야 한다.

적송의 번식은 결코 과거의 풍류인이 말했던 것처럼 단순히 축복할 현상이 아닌, 오히려 우리나라 지력의 쇠퇴를 증명하는 것이므로 매우 슬퍼할 만한 일이라는 사실에 늘 주의해야 한다.

[임학박사 혼다 세이로쿠(本田静六)]

부록 2

국립산림과학원의 소나무 인식조사 주요 결과

1. 조사 목적 및 개요

국립산림과학원은 우리나라 소나무림의 보전·관리 전략을 마련하기 위해 '환경변화 및 산림교란에 대응한 소나무 보전·관리 전략 및 기술 개발 연구(2019~2023)'를 수행했다. 이를 위해 일반 국민 및 산림·임업분야 전문가의 소나무에 대한 인식을 객관적으로 파악함으로써 우리나라 소나무림의 보전·관리 전략을 수립하기 위한 기초자료를 확보하고자 본 「우리나라 소나무에 대한 국민인식 조사(2022)」를 수행하였다.

2. 조사 설계 및 내용

일반 국민 1,200명과 국립산림과학원 전 직원을 포함한 산림·임업분야 전문가 290명을 대상으로 조사가 실시되었다.

일반 국민 조사는 조사기관에 구축되어 있는 패널리스트를 활용하여 온라인 조사를 진행하였다. 전문가 조사는 국립산림과학원, 산림청,

학계, 산림산업종사자 등으로 구성된 전문가 3,474명의 이메일, 전화번호를 수집하여 조사 모집단으로 설정하였고, 조사 모집단 전수를 대상으로 구축된 온라인 설문조사 웹페이지를 이메일 및 문자메시지로 발송하여 조사를 진행했다.

조사 내용은 나무에 대한 인식(우리나라에서 자라는 나무 중 선호하는 나무, 소나무를 선호하는 이유, 소나무림이 삶에 주는 영향, 남산 소나무림의 관리 방안, 소나무림의 관리 목표)과 응답자 특성(성별, 연령, 지역, (국민)직업, (산림·임업 전문가)분야, 소속, 경력)으로 구성했다.

〈조사 개요〉

구 분	일반 국민	전문가
조사 대상	15세 이상 70세 이하의 일반 국민	산림·임업 분야 전문가
조사 모집단	-	3,474명
목표 표본 수	1,200명	100명
유효 표본 수	1,200명	290명
표본오차범위	±2.83% (신뢰수준 95%)	±5.51% (신뢰수준 95%)
조사 방법	온라인 패널조사	온라인(모바일) 설문조사
조사 기관	(주)메가알앤씨	

〈소나무 인식조사 설문 항목〉

Q1. 귀하는 우리나라에서 자라는 나무 중 어떤 나무를 가장 좋아하십니까?

① 소나무 ② 은행나무 ③ 단풍나무 ④ 느티나무 ⑤ 감나무
⑥ 플라타너스 ⑦ 벚나무 ⑧ 버드나무 ⑨ 잣나무 ⑩ 향나무
⑪ 상수리나무 ⑫ 신갈나무 ⑬ 기타 (　　)

Q1-1. (Q1에서 ①번 소나무 선택) 소나무를 가장 좋아하는 까닭은 무엇입니까?

① 경제적 가치가 높아서(목재생산, 송이 생산, 송홧가루 등)

② 환경적 가치가 높아서(수자원 함양, 온실가스 흡수, 생물다양성 보전 등)

③ 경관적 가치가 높아서(아름다움 등)

④ 인문학적(역사·문화적) 가치가 높아서(애국가, 신화, 그림, 문학 등에 표현)

⑤ 주변에서 쉽게 볼 수 있는 나무라서(전국 산림의 25%가 소나무림)

⑥ 기타 (   )

Q3. 귀하는 소나무(소나무림)이 당신의 삶에 얼마나 영향을 준다고 생각하십니까?

① 매우 큰 영향을 주고 있다.

② 약간 영향을 주고 있다.

③ 전혀 영향을 주지 않고 있다.

Q4. 애국가에 등장하는 남산의 소나무림이 기후변화와 같은 자연적 영향으로 감소하고 있습니다. 귀하는 남산의 소나무림을 어떻게 관리하면 좋겠습니까?

① 소나무림 주위에서 경쟁하는 나무를 제거하는 등 적극적으로 관리하여 소나무림을 보전하여야 한다.

② 자연적인 변화이므로 인간의 간섭 없이 그대로 두어야 한다.

③ 기타 (   )

Q5. 다음의 보기와 같이 소나무림의 관리 목표 중 귀하가 중요하다고 생각하는 내용을 우선순위에 따라 적어 주시기 바랍니다.   1순위 (   ), 2순위 (   ), 3순위 (   )

① 건축용, 문화재 보수 등에 활용될 대형 우량목재 생산을 위한 소나무림의 육성

② 가구 제작 등 다용도로 활용될 중소형 생활목재 생산을 위한 소나무림의 육성

③ 사적, 사찰, 전설 · 민담 등과 관련된 역사 · 문화적 가치가 높은 소나무림의 보호

④ 휴양, 관광(경관), 교육적 가치가 높은 소나무림의 보호

⑤ 마을숲 등 지역사회에서 중요도가 높은 소나무림의 보호

⑥ 급경사지 및 험준지 등의 산사태 방지와 수원함양을 위한 소나무림 육성 · 관리

⑦ 송이 등 고부가가치 임산물 생산을 위한 소나무림의 관리

⑧ 탄소중립, 기후변화대응을 위한 소나무림의 육성·관리 ⑨ 기타(   )

3. 조사 결과

1) 선호하는 나무

Q1. 귀하는 우리나라에서 자라는 나무 중 어떤 나무를 가장 좋아하십니까?

① 소나무 ② 은행나무 ③ 단풍나무 ④ 느티나무 ⑤ 감나무 ⑥ 플라타너스
⑦ 벚나무 ⑧ 버드나무 ⑨ 잣나무 ⑩ 향나무 ⑪ 상수리나무 ⑫ 신갈나무
⑬ 기타 (　　)

Q2. (질문1에서 ①소나무 선택) 소나무를 가장 좋아하는 까닭은 무엇입니까?

① 경제적 가치가 높아서(목재생산, 송이 생산, 송화가루 등)
② 환경적 가치가 높아서(수자원 함양, 온실가스 흡수, 생물다양성 보전 등)
③ 경관적 가치가 높아서(아름다움 등)
④ 인문학적(역사·문화적) 가치가 높아서(애국가, 신화, 그림, 문학 등에 표현)
⑤ 주변에서 쉽게 볼 수 있는 나무라서(전국 산림의 25%가 소나무림)
⑥ 기타 ( )

선호하는 나무를 조사한 결과, 일반 국민의 소나무 선호도는 37.9%, 전문가의 소나무 선호도는 39.3%로 나타났다. 소나무 외에 선호하는 나무를 살펴보면, 일반 국민은 '단풍나무'(16.8%), '벚나무'(16.2%) 등의 순으로 선호하였고, 전문가는 '느티나무'(22.8%), '단풍나무'(5.9%) 등의 순으로 선호하였다.

소나무를 선호하는 이유를 조사한 결과, 일반 국민은 '경관적 가치가 높아서'(29.0%), '환경적 가치가 높아서'(24.8%) 등의 순으로 나타난 반면, 전문가는 '인문학적 가치가 높아서'(36.0%), '경관적 가치가 높아서'(24.6%) 등의 순으로 나타났다.

일반 국민은 전문가에 비해 소나무의 환경적 가치를 높게 평가하는

〈일반 국민-선호하는 나무 및 소나무를 선호하는 이유〉

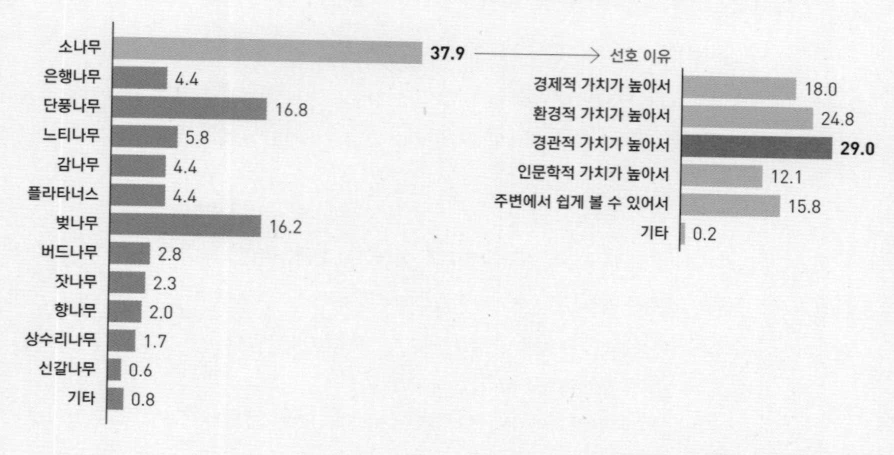

응답자 : 일반 국민 전체, N=1,200, 단위 : %

〈전문가-선호하는 나무 및 소나무를 선호하는 이유〉

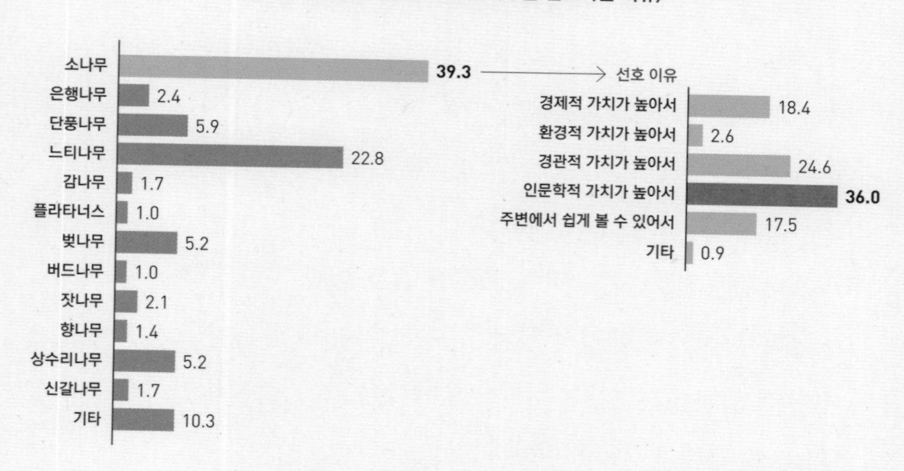

응답자 : 전문가 전체, N=290, 단위 : %

반면, 전문가는 일반 국민에 비해 소나무의 인문학적 가치를 높게 평가하였다.

2) 소나무가 삶에 주는 영향

Q3. 귀하는 소나무(소나무림)가 당신의 삶에 얼마나 영향을 준다고 생각하십니까?

① 매우 큰 영향을 주고 있다. ② 약간 영향을 주고 있다.

③ 전혀 영향을 주지 않고 있다.

소나무가 삶에 주는 영향을 조사한 결과, 영향을 받는다고 답한 일반 국민은 83.5%(매우 큰 영향 33.1%+약간 영향 50.4%), 전문가는 88.6%(매우 큰 영향 40.0%+약간 영향 48.6%)이었다.

〈소나무가 삶에 주는 영향〉

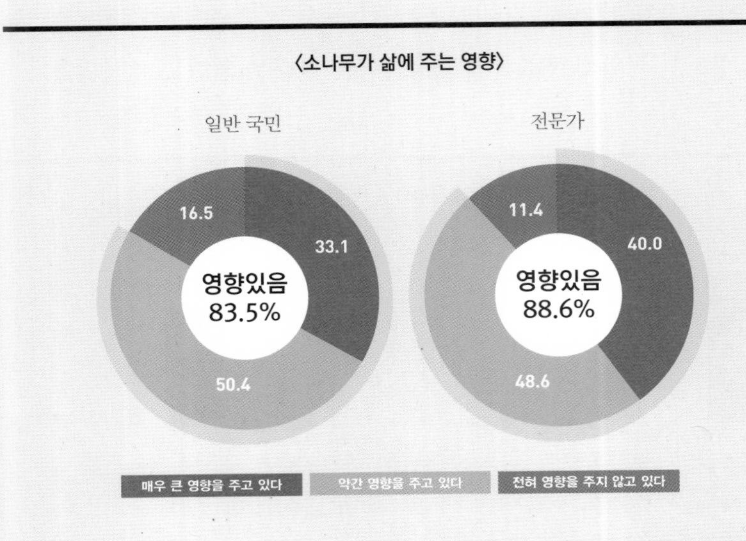

응답자 : 일반 국민 전체 N=1,200, 전문가 전체, N=290, 단위 : %

3) 남산 소나무림의 관리방안

Q4. 애국가에 등장하는 남산의 소나무림이 기후변화와 같은 자연적 영향으로 감소하고 있습니다. 귀하는 남산의 소나무림을 어떻게 관리하면 좋겠습니까?

① 소나무림 주위에서 경쟁하는 나무를 제거하는 등 적극적으로 관리하여 소나무림을 보전하여야 한다.

② 자연적인 변화이므로 인간의 간섭 없이 그대로 두어야 한다.

③ 기타 (   )

남산 소나무림의 관리 방안을 조사한 결과, 일반 국민은 '(경쟁하는 나무를 제거하는 등) 적극적으로 관리하여 소나무림을 보전해야 한다'가 64.9%로 높게 나타난 반면, 전문가는 '인간의 간섭 없이 그대로 두어야 한다'가 49.7%로 높게 나타났다. 관리방안에 대한 일반 국민과 전문가의 인식에 차이가 있으며, 전문가의 경우 적극적 보전과 소극적 보전 방안이 적절히 조화롭게 적용되어야 한다는 의견도 제시되었다.

〈남산 소나무림의 관리 방안〉

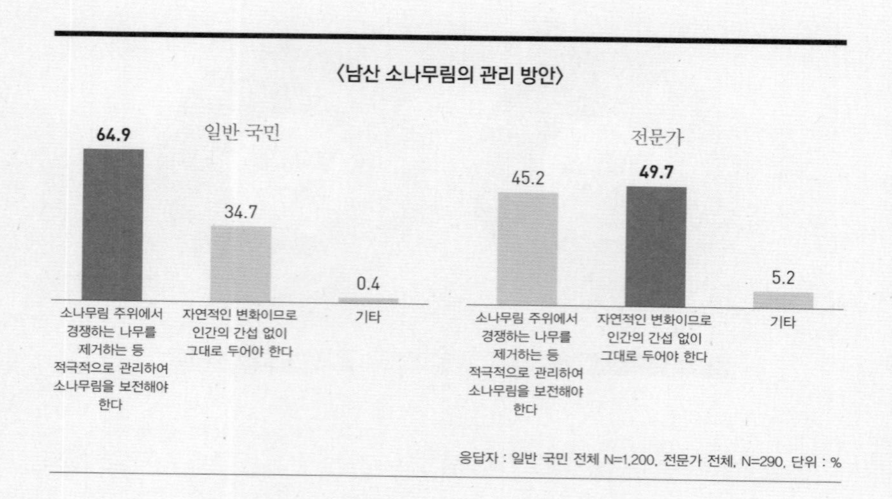

응답자 : 일반 국민 전체 N=1,200, 전문가 전체, N=290, 단위 : %

4) 소나무림의 관리 목표

Q5. 다음의 보기와 같이 소나무림의 관리 목표 중 귀하가 중요하다고 생각하는 내용을 우선순위에 따라 적어 주시기를 바랍니다.

① 건축용, 문화재 보수 등에 활용될 대형 우량목재 생산을 위한 소나무림의 육성
② 가구 제작 등 다용도로 활용될 중소형 생활목재 생산을 위한 소나무림의 육성
③ 사적, 사찰, 전설·민담 등과 관련된 역사·문화적 가치가 높은 소나무림의 보호
④ 휴양, 관광(경관), 교육적 가치가 높은 소나무림의 보호
⑤ 마을숲 등 지역사회에서 중요도가 높은 소나무림의 보호
⑥ 급경사지 및 험준지 등의 산사태 방지와 수원함양을 위한 소나무림 육성·관리
⑦ 송이 등 고부가가치 임산물 생산을 위한 소나무림의 관리
⑧ 탄소중립, 기후변화대응을 위한 소나무림의 육성·관리 ⑨ 기타( )

소나무림의 관리목표 조사 결과, 일반 국민은 1순위 기준 '휴양, 관광(경관), 교육적 가치가 높은 소나무림의 보호'(21.3%), '역사·문화적 가치가 높은 소나무림의 보호'(19.8%) 등의 순으로 나타났고, 1+2+3순위 기준으로는 '휴양, 관광(경관), 교육적 가치가 높은 소나무림의 보호'(18.8%), '역사·문화적 가치가 높은 소나무림의 보호'(16.2%) 등의 순으로 나타남.

전문가는 1순위 기준 '역사·문화적 가치가 높은 소나무림의 보호'(25.9%), '대형 우량목재 생산을 위한 소나무림의 육성'(24.5%) 등의 순으로 나타났고, 1+2+3순위 기준으로는 '역사·문화적 가치가 높은 소나무림의 보호'(18.9%), '대형 우량목재 생산을 위한 소나무림의 육성'(17.8%) 등의 순으로 나타났다.

일반 국민의 1순위 기준 목표와 1+2+3순위 기준 목표를 비교했을

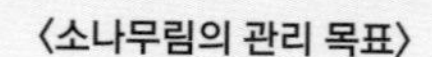
〈소나무림의 관리 목표〉

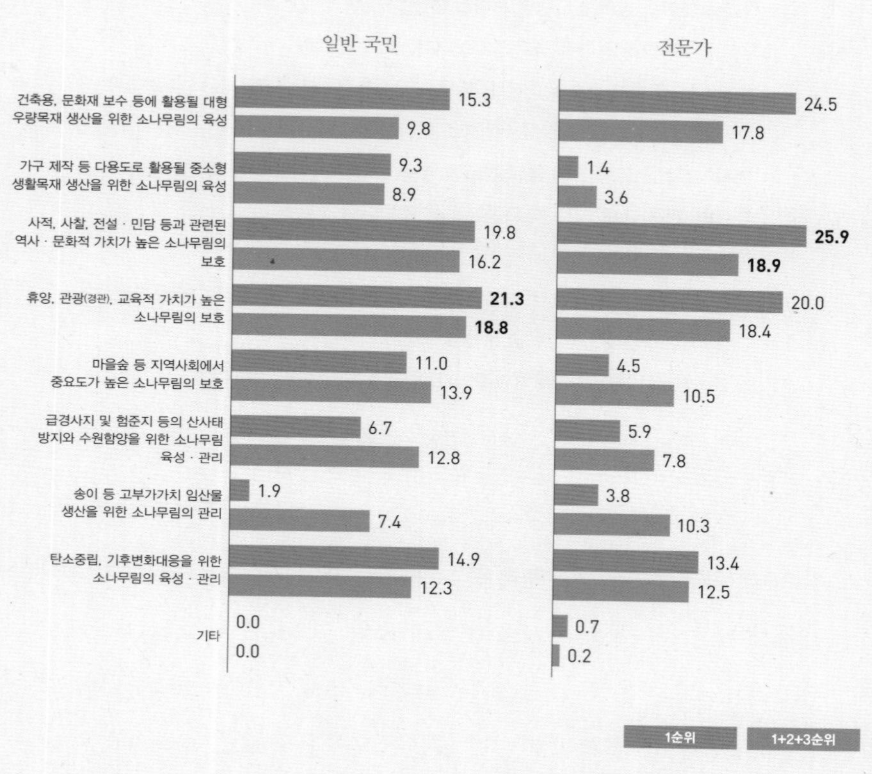

응답자 : 일반 국민 전체 N=1,200, 전문가 전체, N=290, 단위 : %

때 전문가에 비해 변동이 크며, 가장 중요하다고 생각하는 관리 목표와 2순위, 3순위까지 포괄적으로 고려한 관리 목표 사이에 차이가 있는 것으로 파악되었다.

〈조사 결과 요약〉

		문항 구분	일반 국민	전문가
Q1. 선호하는 나무	1	소나무	37.9	39.3
	2	은행나무	4.4	2.4
	3	단풍나무	16.8	5.9
	4	느티나무	5.8	22.8
	5	감나무	4.4	1.7
	6	플라타너스	4.4	1.0
	7	벚나무	16.2	5.2
	8	버드나무	2.8	1.0
	9	잣나무	2.3	2.1
	10	향나무	2.0	1.4
	11	상수리나무	1.7	5.2
	12	신갈나무	0.6	1.7
	13	기타	0.8	10.3
Q2. 소나무 선호 이유 (질문1에서 ①소나무 선택)	1	경제적 가치가 높아서	18.0	18.4
	2	환경적 가치가 높아서	24.8	2.6
	3	경관적 가치가 높아서	29.0	24.6
	4	인문학적 가치가 높아서	12.1	36.0
	5	주변에서 쉽게 볼 수 있어서	15.8	17.5
	6	기타	0.2	0.9
Q3. 소나무가 삶에 주는 영향	1	매우 큰 영향을 주고 있다	33.1	40.0
	2	약간 영향을 주고 있다	50.4	48.6
	3	전혀 영향을 주지 않고 있다	16.5	11.4
Q4.남산 소나무림의 관리방안	1	적극적으로 관리하여 소나무림을 보전해야 한다	64.9	45.2
	2	인간의 간섭 없이 그대로 두어야 한다	34.7	49.7
	3	기타	0.4	5.2

Q5. 소나무림의 관리 목표	1순위	1	대형 우량목재 생산을 위한 소나무림의 육성	15.3	24.5
		2	중소형 생활목재 생산을 위한 소나무림의 육성	9.3	1.4
		3	역사·문화적 가치가 높은 소나무림의 보호	19.8	25.9
		4	휴양, 관광(경관), 교육적 가치가 높은 소나무림의 보호	21.3	20.0
		5	지역사회에서 중요도가 높은 소나무림의 보호	11.0	4.5
		6	산사태 방지와 수원함양을 위한 소나무림 육성·관리	6.7	5.9
		7	고부가가치 임산물 생산을 위한 소나무림의 관리	1.9	3.8
		8	탄소중립, 기후변화 대응을 위한 소나무림의 육성·관리	14.9	13.4
		9	기타	-	0.7
	1+2+3 순위	1	대형 우량목재 생산을 위한 소나무림의 육성	9.8	17.8
		2	중소형 생활목재 생산을 위한 소나무림의 육성	8.9	3.6
		3	역사·문화적 가치가 높은 소나무림의 보호	16.2	18.9
		4	휴양, 관광(경관), 교육적 가치가 높은 소나무림의 보호	18.8	18.4
		5	지역사회에서 중요도가 높은 소나무림의 보호	13.9	10.5
		6	산사태 방지와 수원함양을 위한 소나무림 육성·관리	12.8	7.8
		7	고부가가치 임산물 생산을 위한 소나무림의 관리	7.4	10.3
		8	탄소중립, 기후변화 대응을 위한 소나무림의 육성·관리	12.3	12.5
		9	기타	0.0	0.2

단위 : %

부록 3

소나무·소나무숲의 천연기념물과 시도기념물 지정 현황

구분	명칭	주소
천연기념물	속초 설악동 소나무	강원도 속초시 설악동 20-5
천연기념물	영월 청령포 관음송	강원도 영월군 남면 광천리 산67-1
천연기념물	고양 송포 백송	경기도 고양시 일산서구 덕이동 1000-8
천연기념물	이천 도립리 반룡송	경기도 이천시 백사면 도립리 201-11
천연기념물	이천 신대리 백송	경기도 이천시 백사면 신대리 산32
천연기념물	포천 직두리 부부송	경기도 포천시 군내면 직두리 190-7
천연기념물	거창 당산리 당송	경상남도 거창군 위천면 당산리 331-9
천연기념물	의령 성황리 소나무	경상남도 의령군 정곡면 성황리 산34-1
천연기념물	하동 축지리 문암송	경상남도 하동군 악양면 축지리 산83-1
천연기념물	하동 송림	경상남도 하동군 하동읍 광평리 443-10
천연기념물	함양 목현리 구송	경상남도 함양군 휴천면 목현리 16-3
천연기념물	합천 화양리 소나무	경상남도 합천군 묘산면 화양리 924
천연기념물	구미 독동리 반송	경상북도 구미시 선산읍 독동리 539
천연기념물	문경 화산리 반송	경상북도 문경시 농암면 화산리 942
천연기념물	문경 대하리 소나무	경상북도 문경시 산북면 대하리 16
천연기념물	상주 상현리 반송	경상북도 상주시 화서면 상현리 50-4
천연기념물	안동 하회마을 만송정 숲	경상북도 안동시 풍천면 하회리 1164-1
천연기념물	영양 답곡리 만지송	경상북도 영양군 석보면 답곡리 산159

천연기념물	예천 천향리 석송령	경상북도 예천군 감천면 천향리 804
천연기념물	예천 금당실 송림	경상북도 예천군 용문면 상금곡리 640
천연기념물	울진 행곡리 처진소나무	경상북도 울진군 근남면 행곡리 672
천연기념물	청도 동산리 처진소나무	경상북도 청도군 매전면 동산리 151-6
천연기념물	청도 운문사 처진소나무	경상북도 청도군 운문면 신원리 1789
천연기념물	포항 북송리 북천수	경상북도 포항시 흥해읍 북송리 142-88
천연기념물	부산 좌수영성지 곰솔	부산광역시 수영구 수영동 229-1
천연기념물	서울 조계사 백송	서울특별시 종로구 견지동 46-1 (조계사)
천연기념물	서울 재동 백송	서울특별시 종로구 재동 83 (헌법재판소)
천연기념물	장흥 옥당리 효자송	전라남도 장흥군 관산읍 옥당리 166-1
천연기념물	해남 성내리 수성송	전라남도 해남군 해남읍 성내리 4 (해남군청)
천연기념물	고창 선운사 도솔암 장사송	전라북도 고창군 아산면 삼인리 산96
천연기념물	지리산 천년송	전라북도 남원시 산내면 부운리 산111
천연기념물	무주 삼공리 반송	전라북도 무주군 설천면 삼공리 산31
천연기념물	장수 장수리 의암송	전라북도 장수군 장수읍 장수리 176-7 (장수군청)
천연기념물	전주 삼천동 곰솔	전라북도 전주시 완산구 삼천동1가 732-5
천연기념물	제주 산천단 곰솔 군	제주특별자치도 제주시 아라일동 375-4
천연기념물	제주 수산리 곰솔	제주특별자치도 제주시 애월읍 수산리 1935
천연기념물	예산 용궁리 백송	충청남도 예산군 신암면 용궁리 산73-28
천연기념물	괴산 적석리 소나무	충청북도 괴산군 연풍면 적석리 산31-1
천연기념물	보은 속리 정이품송	충청북도 보은군 속리산면 상판리 17-3
천연기념물	보은 서원리 소나무	충청북도 보은군 장안면 서원리 49-4
시도기념물	노송지대	경기도 수원시 장안구 이목동 869 외
시도기념물	산청 청송사 소나무	경상남도 산청군 시천면 중산리 309
시도기념물	함양 도천리 소나무	경상남도 함양군 병곡면 도천리 717
시도기념물	함양 개평리 소나무 군락지	경상남도 함양군 지곡면 개평리 251 외
시도기념물	김천 유성리 소나무	경상북도 김천시 증산면 유성리 278-6
시도기념물	상주 낙화담 소나무	경상북도 상주시 화동면 판곡리 477
시도기념물	성주 동원리 반송과 도래솔 군락	경상북도 성주군 가천면 동원리 945, 산13-1

시도기념물	순흥 연리지송	경상북도 영주시 순흥면 읍내리314-3
시도기념물	예천 수한리 소나무	경상북도 예천군 감천면 수한리 산30-2
시도기념물	예천 사부리 소나무	경상북도 예천군 용문면 사부리 817
시도기념물	울진 주인리 황금소나무	경상북도 울진군 북면 주인리 산136
시도기념물	의성 월소리 소나무	경상북도 의성군 안사면 월소리 1202-4
시도기념물	기장 죽성리 해송	부산광역시 기장군 기장읍 죽성리 249
시도기념물	고흥 옥하리 곰솔	전라남도 고흥군 고흥읍 옥하리 145-8
시도기념물	담양 매산리 소나무	전라남도 담양군 대덕면 매산리 산2-1
시도기념물	무안 망운면 곰솔	전라남도 무안군 망운면 송현리 290
시도기념물	무안 석용리 곰솔	전라남도 무안군 해제면 석룡리 843
시도기념물	무안 용정리 곰솔	전라남도 무안군 현경면 용정리 39-5
시도기념물	영암 양장리 곰솔	전라남도 영암군 군서면 양장리 497
시도기념물	장성 요월정원림	전라남도 장성군 황룡면 황룡리 171
시도기념물	부춘정원림	전라남도 장흥군 부산면 부춘리 산146
시도기념물	해남 송호리 해송림	전라남도 해남군 송지면 송호리 산 9
시도기념물	부안 도청리 솔섬	전라북도 부안군
시도기념물	갈산리 곰솔	충청남도 논산시 광석면 갈산리 산26-22
시도기념물	보령 산수동 소나무	충청남도 보령시 오천면 갈현리 산 28
시도기념물	보령 장현리 귀학송	충청남도 보령시 청라면 장현리 70-2
시도기념물	부여 수신리 반송	충청남도 부여군 외산면 수신리 산9

인용 문헌

〈국내 단행본 및 연구보고서〉

『민기요람』

『비변사등록』

『조선왕조실록』

가강현 · 장영선 · 유림 · 정연석 · 김희수, 「송이감염묘 연구」, 국립산림과학원 연구자료 제1042호, 2022.

강영호 · 김동현, 「조선시대의 산불대책」, 국립산림과학원 연구신서 제62호, 2012.

공우석, 『우리 식물의 지리와 생태』(지오북, 2008).

국립가야문화재연구소, 「한국의 고대목기: 함안 성산사성을 중심으로」, 『국립가양문화재연구소 연구자료집』 41, 2008.

국립문화재연구원, 「중요 궁궐 및 관아 건축문화재 수종에 대한 연구」 연구보고서, 2015.

국립산림과학원, 「입목재적 · 바이오매스 및 임분수확표」, 국립산림과학원 연구자료 제979호. 2021.

국립산림과학원, 「창덕궁영건도감의궤 역주」, 『조선후기 영건의궤 편역(안동대학교 산학협력단)』, 미간행, 2018.

김대길, 『조선 후기 우금 주금 송금 연구』(경인문화사, 2006).

김은숙·임종환·이보라·장근창·양희문·윤석희·이기웅·강희원·이주현, 「이상기상 및 기후변화에 따른 산림피해 현황」, 국립산림과학원 연구자료 제869호, 2020.

김은숙·임종환·이상태 외, 「환경변화 및 산림교란에 대응한 소나무림 보전·관리 전략 및 기술개발 연구」, 국립산림과학원 연구보고, 2024.

김은숙·임중빈·최원일, 「산불과 소나무림」, 국립산림과학원 산림과학속보 22-20, 2022.

김진수 외, 「고려 사회의 소나무」, 『소나무의 과학』(고려대학교출판부, 2015).

문화재청, 「자연유산 보존、관리、활용 방안 마련 연구」, 문화재청, 2020.

문화재청, 「통계로 보는 문화유산」, 문화재청, 2022.

반고 저, 신정근 역, 『백호통의(白虎通義)』(소명출판, 2005).

배수호, 『진안군 중평(中坪) 마을공동체: 공동체 원형을 찾아서』(성균관대 대동문화연구원, 2022).

배수호·이명석, 『산림공유자원관리로서 금송계 연구: 公有와 私有를 넘어서 共有의 지혜로』(집문당, 2018).

배재수, 「조선후기 국영 영선목재의 조달체계와 산림관리: 창덕궁 인정전을 중수를 중심으로」, 『배상원편, 숲과 임업- 숲과문화총서 8』(수문출판사, 2000).

배재수, 「조선후기 봉산의 위치 및 기능에 관한 연구: 만기요람과 동여도를 중심으로」, 『산림경제연구』 제3권 제1호, 1995.

배재수, 「조선후기 송정의 체계와 변천 과정」, 『산림경제연구』제10권 제2호, 2002.

배재수·김선경·이기봉·주린원, 「조선후기 산림정책사」, 임업연구원 연구신서 제3호. 2002.

배재수·김은숙·장주연·설아라·노성룡·임종환, 「조선후기 산림과 온돌: 온돌 확대에 따른 산림황폐화」, 국립산림과학원 연구신서 제119호, 2020.

배재수·주린원·이기봉,「한국의 산림녹화 성공 요인」, 국립산림과학원 연구신서 제37호, 2010.

법제처,『고법전용어집』, 1979.

산림청,『2022 산림임업통계연보(제53호)』, 2023.

산림청,『국가산림문화자산 87선 안내서』, 산림청. 2023.

안대회,「정약전의 송정사의(松政私議)」,『문헌과 해석』 제20권, 2002.

이경재·이상태·서경원·표정기,「산림의 기능별 숲가꾸기 기술」, 국립산림과학원 연구자료 제580호, 2014.

이경준,『수목생리학(전면개정판)』 (서울대학교출판문화원, 2021).

이권영,「자재의 조달」, 영건의궤연구회 지음,『영권의궤: 의궤에 기록된 조선시대 건축』, 2010.

이상훈,『이상훈의 마을숲 이야기』 (푸른길, 2022).

이석우·이제완·임효인.「산림유전자원의 보존, 지속가능한 이용 및 개발을 위한 지구행동계획」. 국립산림과학원 연구자료 제648호, 2016.

이어령 엮음,『한·중·일 문화코드 읽기 비교문화상징사전: 소나무』 (종이나라, 2005).

이정호,『한국인과 숲의 문화적 어울림』 (수명출판, 2013).

이현채,「조선시대 목관의 연륜연대와 치장·치관 연구」 충북대학교 석사학위논문, 2009.

임업연구원,「한국산 주요목재의 성질과 용도」, 임업연구원 연구자료 제95호, 1994.

전영우,『나무와 숲이 있었네』(학고재. 1999).

전영우,『우리가 정말 알아야 할 우리 소나무』 (현암사, 2004).

전통건축수리기술진흥재단·국립산림과학원·충북대학교,「목재 특성」,『전통건축에 쓰이는 우리 목재』, 2022.

정동주,『늘 푸른 소나무: 한국인의 심성과 소나무』 (한길사, 2014).

정약용, 다산연구회 역주,『역주 목민심서5』 (창비, 2018).

한우근·이성무·민현구·이태진·권오영, 『역주 경국대전(번역편)』(한국정신문화연구원, 1985).

〈국내 논문〉

고성윤·성주한·천정화·이영근·신만용, 「기후변화 시나리오에 의한 중부지방소나무의 연도별 적지분포 변화 예측」, 『한국농림기상학회지』 제16권, 2014.

김동진, 「15~19세기 한반도 산림의 민간 개방과 숲의 변화」, 『역사와현실』제103권, 2017.

김은경, 「조선왕릉 수목식재에 관한 연구」, 국민대학교 박사학위논문, 2014.

김은숙·정종빈·박신영, 「시계열 국가산림자원조사 자료 기반 자연적 임분동태 변화에 따른 소나무림의 감소 특성 평가」, 『한국산림과학회지』 제113권 제1호, 2024.

김응호·홍순재·김병근·한규성, 「수중출토된 고선박의 구조와 목재수종의 변화」, 『해양문화재 14호』, 2021.

김태근·조영호·오장근, 「기후변화에 따른 소나무림 분포변화 예측모델」, 『생태와 환경』 제48권, 2015.

김현종, 「'大東地志', '程里考'에 기반한 조선후기의 1리(里)」, 『대한지리학회지』제 53권 제4호, 2018.

노성룡·배재수, 「조선후기 송정(松政)의 전개과정과 특성」, 『아세아연구』 제63권 제3호, 2020.

박원규·이광희, 「우리나라 건축물에 사용된 목재 수종의 변천」, 『건축역사연구』제16권 제1호, 2007.

배재수·김은숙, 「1910년 한반도 산림의 이해: 조선임야분포도의 수치화를 중심으로」, 『한국산림과학회지』 제107권 4호, 2019.

오삼언·배재수, 「북한의 소나무 '국수' 지정과 함의」, 『현대북한연구』 제26권 제3호, 2023.

이광희, 「경산 임당 유적(2~4세기) 출토 목재유물의 분석을 통한 제작기법 식별 및 고환경 추정」,

충북대학교 박사학위논문, 2017.

이기봉, 「조선후기 봉산의 등장 배경과 그 분포」, 『문화역사지리』 제14권 제3호, 2002.

임종환 · 박고은 · 문나현 · 문가현 · 신만용, 「국가산림자원조사 자료를 활용한 소나무 연륜생장과 기후인자와의 관계분석」, 『한국산림과학회지』 제106권, 2017.

정영진, 「우리나라에서의 소나무재선충 피해발생과 확산현황」, 한국수목보호연구회 7, 2002.

정영훈 · 윤헌도, 「국산 육송 특대재 수급 현황 분석 및 문화재 수리의 활용에 관한 연구」, 『문화재』제53권 제4호, 2020.

조낭현 · 김은숙 · 이보라 · 임종환 · 강신규, 「MaxEnt 모형을 이용한 소나무 잠재분포 예측 및 환경변수와 관계 분석」, 『한국농림기상학회지』 제22권, 2020.

진상현 · 오용선. 「사회생태자본에 기반한 대안적 지역발전 모델」, 『한국사회학회 사회학대회 논문집』. 473~488쪽. 2007.

최종희, 「조성왕릉의 조영의도, 이념, 사상, 미의식에 관한 연구」, 『한국전통조경학회지』 제34권 제4호, 2016.

한정수, 「조선 태조~세종 대 숲 개발과 重松政策의 성립」, 『사학연구』제111권, 2013.

〈국내 기타 문헌〉

「백창석의 마을탐방 (25)-송계 8경과 400년 역사 품은 해제면 송계 마을」, 〈무안신문〉, 2005년 11월 25일.

「북한이 꼽은 2022년 '3대 위기'…코로나19 · 자연재해 · 식량난」 〈뉴스1〉, 2023년 1월 25일.

한국민족대백과사전(http://encykorea.aks.ac.kr).

〈일본어 문헌〉

米家泰作, 「植民地朝鮮における燒田の調査と表象」, 『계간 동북학』, 2017년 제7호, 2017.

岡衛治, 『朝鮮林業史(下)』, 1945.

本多精六, 「我国地力ノ衰弱ト赤松」, 『동양학회잡지』 제230호, 1990.

本田靜六, 1900, 「我国地力ノ衰弱ト赤松」, 『東洋学芸雑誌』 제230호, 1900.

富永 保人·米山穫, 『マツタケ栽培の實際』, 養賢當發行, 1978.

〈영어 문헌〉

Ahn J.Y., Lee J.W. and Hong K.N. 2021. Genetic diversity and structure of *Pinus densiflora* Siebold & Zucc. Populations in Republic of Korea based on Microsatellite markers. Forests 12, 750.

Choi WI, Nam Y, Lee CY, Choi BK, Shin YJ, Lim J-H, Koh S-H, Park Y-S. Changes in Major Insect Pests of Pine Forests in Korea Over the Last 50 Years. Forests. 10(8), 2019.

Duan X., Li J., Wu S. 2022. MaxEnt modeling to estimate the impact of climate factors on distribution of *Pinus densiflora*. Forests. 13, 402, 1-13.

Iwaizumi, M.G., Tsuda, Y., Ohtani, M., Tsumura, Y., Takahashi, M. 2013. Recent distribution changes affect geographic clines in genetic diversity and structure of *Pinus densiflora* natural populations in Japan. Forest Ecology and Management 304.

Kim Z.S., Lee S.W. 1992. Genetic diversity of three native Pinus species in Korea. International symposium organized by IUFRO, held 24-28 August 1992.

Nakamura Y., Krestov P. 2005. Coniferous forests of the temperate zone of Asia.

Uyeki, H. 1928. On the physiognomy of *Pinus densiflora* growing in Korea and silvicultural treatment for its improvement. Bulletin of the Agricultural and Forestry College, Suigen, Chosen No3.

〈북한 문헌〉

「국가상징들에 어려있는 숭고한 뜻(6)」, 〈조선의 오늘〉, 2020년 9월 11일.

「너를 보며 생각하네」, 『우리민족끼리』, 2020년 9월 7일.

〈로동신문〉 2020년 2월 2일.

〈민주조선〉, 2018년 10월 16일.

『산림총서(1)』, 임록재 외, 평양: 공업종합출판사, 1994.

『산림총서(6)』, 손기성 외, 평양: 공업종합출판사, 2000.

『산림총서(8)』, 최기주 외, 평양: 공업종합출판사, 2000.

「소나무」, 『조선문학』 제5호, 주설웅, 평양: 문학예술출판사, 2019.

「소나무를 더 많이 심어 가꾸며」, 〈로동신문〉, 2019년 3월 1일.

「식수절을 맞으며 더 많은 나무를 심자」, 〈로동신문〉, 2001년 2월 25일.

『조선의 국수-소나무』, 공명성 · 엄영일 · 리호철, 평양: 사회과학출판사, 2018.

「조선인민의 기상과 조선의 국수-소나무」, 리영일 김일성종합대학교 교수박사, 〈김일성종합대학보〉, 2016년 3월 8일.